二次元彩繪 人物模型塗裝教科書

MAman 著

U0072889

作者序

「感覺人物模型的塗裝好難，我真的做得到嗎……」

　　一開始我也是這麼想的，然而比起不安，我更想將自己最喜歡的模型塗成屬於自己獨特的色彩。懷揣著這樣的好奇心，我開始學習重塗人物模型的技術，然後開設 YouTube 頻道、得到商業彩繪或模型展報導等各式各樣的工作，最後有了現在的成果。

　　我從國高中時期就很喜歡動畫及漫畫，回過神來才發現自己有了收藏人物模型的興趣。我還記得第一次是在老家的二手模型店買的（笑）；畢竟零用錢有限，所以第一個模型是二手品（想盡量買便宜的），但即便如此，當初那「動畫角色實體化了……！」的感動至今仍是我最珍惜的回憶。

　　前往東京後，我在一間秋葉原的模型店裡發現重塗的廣闊世界。展示櫃上那些原本就很漂亮的模型，在點綴全新的色彩後，成為了獨一無二的藝術作品。我仍記得那些美麗的作品深深吸引了我，讓我轉頭就購買了畫筆與塗料想回家畫畫看。
　　從那之後經過了 4 年多，我也累積了許多經驗。
　　我成為 YouTuber，開始重塗各式各樣的人物模型，並在社群媒體上獲得廣大迴響，使我進一步深陷於人物模型的世界中。

　　這次能夠出版本書，多虧製作模型的原型師、造形師、彩繪師、模型及玩具製造商、爽快答應模型刊登許可的版權方、以及平時一直支持著我的各位粉絲。真的非常謝謝大家。

　　我從孩提時期就一直畫畫，並取得了書道師範等證照，但卻對人物模型的塗裝一竅不通。那樣的我透過一支畫筆所得到的一切經驗、方法與感想，全都收錄在本書裡了。

　　只要塗上一點你自己的色彩，一定能得到極大的感動。
　　請跟我一起體驗「人物模型與彩繪」的樂趣吧！

引言

動畫及漫畫是日本享譽世界的流行文化,而模型作為其重要的一環,除了收集與觀賞外,
更進階的賞玩方式也正逐漸普及中。

深受矚目的模型世界

肺炎疫情使市場規模進一步擴大

從避免新冠肺炎疫情擴大的觀點來看,除了居家消費需求遽增,隨著網路商店的普及,對模型製作等室內活動感興趣的人也愈來愈多,引發社會現象的人氣動畫作品更是助長了這樣的趨勢。最新的調查結果也成為這種現象的佐證;根據日本玩具協會調查,2021年度的國內玩具市場規模出現史上最高的成長率,包含人物模型在內W的各類玩具市場規模突破了1500億日圓。

〈資料來源〉一般社團法人日本玩具協會官方網頁
https://www.toys.or.jp/toukei_siryou_data.html

受到世界熱情歡迎的COOL JAPAN

日製模型在海外市場的存在感可謂是蒸蒸日上。動畫、遊戲、COSPLAY、偶像等被統稱為COOL JAPAN的各個領域受到來自全世界年輕人的喜愛,而這也影響了國外的模型業界;跟以往的模型粉絲不同,一類以「日本動漫畫」為主體的全新模型粉絲群體正在興起。隨著YouTube等影音平台、社群媒體、網路商店等網路基礎建設的發達,喜愛日本流行文化的國外粉絲正在快速增加。

重塗人物模型的樂趣

文化在成熟之後,會從增加廣度轉向為增加深度。在模型業界,我們也逐漸能看到這樣的徵兆;重塗模型、自製模型(造形)都可以說是一例。近年來一般被稱作動畫風塗裝的「二次元彩繪」正受到大眾矚目。將3D的人物模型塗成二次元動畫或漫畫的筆觸,不僅外觀看起來相當具有張力,也常常在社群媒體上爆紅,而本書作者正是在這樣的領域裡確立了自己的風格。

開始進行動畫風塗裝的契機

我從小學便開始學習繪畫及書法，度過了充滿藝術氣息的孩提時代。國中時我沉浸在油畫世界中，之後進入了美術大學，主要學習繪製寫實風格的油畫，並取得美術教師執照及書道師範的證照。收藏模型原本就是我的興趣，不管是裝飾在電子遊戲場或轉蛋機取得的模型我都喜歡，但在某次機緣巧合下讓我遇上了重塗的模型作品，自此改變了我的人生。我像被雷打到般受到巨大衝擊，一轉眼就投入了這個世界，想要塗出具有自己特色的人物模型。從2019年起我以MAman的名義開始活動，成為一名人物模型塗裝師，並從2019年11月起開設YouTube頻道「MAマンch」，至今為止總觀看次數超過了2000萬次（2023年11月）。我希望能透過各式各樣的行動，推廣人物模型塗裝的樂趣。

MAman的動畫風塗裝（3D二次元彩繪）特色

after

簡直像是二次元的動畫！

3D的人物模型

每個零件使用
2 或 3 種顏色

先設定光源，並組合基本色、陰影色、高光色這3種顏色來塗裝。

以高光來強調二次元感

高光使插圖更具立體感，然而在人物模型上清楚塗上高光則能反過來加強二次元的質感。

沿著線條畫出輪廓線

沿著模型原本的線條或傷痕描線，可以發揮如同插圖中輪廓線的效果。

塗暗呈現平面般的深度

雙腿之間等具有深度的地方可以將實際的陰影畫得更誇張，或即使沒有陰影也刻意塗暗來突顯深度。

before

讓顏色的分界線
更清晰

3D的人物模型簡直像是二次元的動畫！

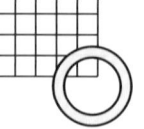

CONTENTS

Textbook for Anime Painting Figures

※本書所介紹的塗裝方法皆為作者本人的提案。
※實踐本書塗裝方法之際，請先仔細確認商品構造及特性後再進行，
　並自行承擔一切風險及責任。
※本書刊載內容皆為 2022 年 10 月時的資訊。部分商品也已結束販售。
※關於以上事項還請各位見諒。

CHAPTER 1

模型重塗的基礎
與用具介紹

本章整理了實際塗裝人物模型前
需要知道的知識及事前準備。
來一併確認塗裝所需的用具吧。

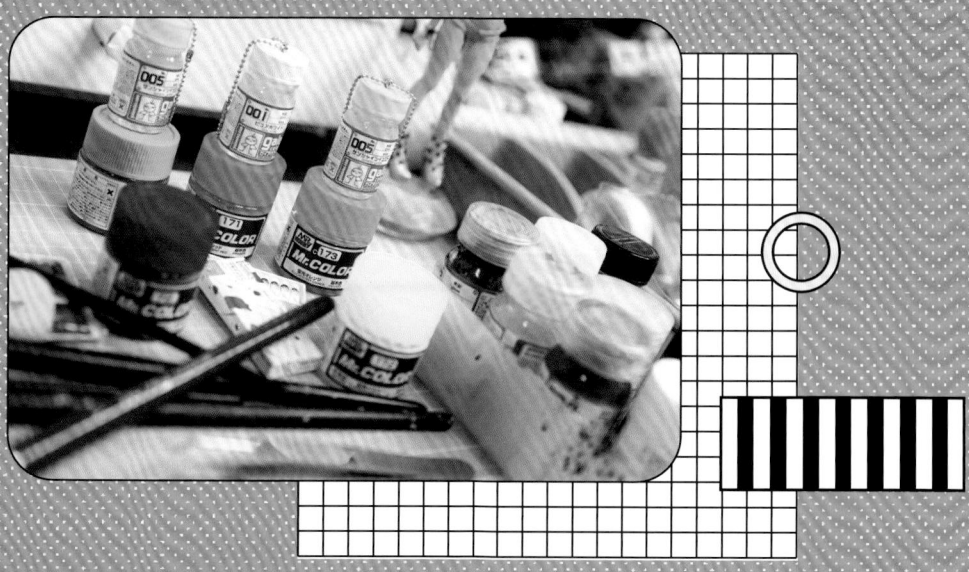

重塗的基礎

種類

重塗人物模型有好幾種方法，這邊介紹最具代表性的2種方法。
在許多例子中也會同時運用這2種塗裝方式。

\ 本書主要介紹的是筆塗 /

筆塗

噴塗

泛指所有使用畫筆來塗裝的方法。只要準備好畫筆及塗料就能立刻實行，學習門檻比較低，也能畫出各式各樣的質感。深究筆塗的技術，就能做到漸層或舊化等任何類型的表現手法。

使用噴筆將霧狀塗料噴到模型上的塗裝方法。由於噴塗能噴出光滑均勻的質地，因此適合用來呈現漸層或突顯立體感的表現手法。

	簡便度	漸層	舊化	描線	寫實表現	塗裝範圍
筆塗	◎	○	◎	◎	○	▲
噴塗	▲	◎	○	▲	◎	◎

掌握
整體流程！

步驟

決定要塗裝什麼模型是整個塗裝流程的第一步。從下筆前的準備到實際塗裝完成，可以大致整理成以下7個步驟。

CHAPTER.
2~5

① 決定要塗裝的模型
P018

③ 細分並設定多項目標
P019

⑤ 準備用具
P020

⑦ 進行塗裝

② 想像完成後的質感
P018

④ 收集資料
P019

⑥ 分解並清洗人物模型
P026　※若有必要

完成

MAman 流製作心得

1 自由塗裝

開始試著重塗模型並摸索正確手段時，大家一定會產生「該使用什麼顏色」、「該怎麼塗裝」、「該使用哪種工具」等各式各樣的疑問，但無論哪一種技法、哪些用具、怎麼樣的完成品，全都可以稱為「正確解答」，我覺得那就是所謂的「表現」。舉例來說，如果想要呈現臨場感，各位會怎麼做呢？選用真正的砂石並沒有問題，選用模型店販售的小東西當然也 OK。這

世上有各式各樣的表現手法，還請大家不要被「正確解答」限制住想像力，盡情追求對自己來說最理想的表現方式。

2 塗到最後

在塗裝過程裡碰到難以跨越的難關時，希望大家都能抱持「別人做得到我怎麼可能做不到！」的心態。高手固然在經驗、技術、想像力這3個要素上都有非常高的水準，但這樣的水準無須仰賴才能，而是憑藉努力就能達到。愈是提升自己的程度，愈能接近自己理想中的作品，還請各位無論如何都要將1個模型塗裝到最後，這麼一來應該就能發現自己對人物模型的觀察與對色彩的思維產生了變化。不先完成就無法了解的事情比想像中的更多

喔！每次塗裝後的經驗都能活用在下一個作品中，而完成後的成就感及心得也會催生出全新的動力。

3 熟悉畫筆

筆塗的奧義唯有一點，就是熟悉畫筆。雖然現代生活已經不太會用到毛筆或畫筆，但不只是重塗，最好連寫字時都盡可能使用毛筆或畫筆吧。每天練習5分鐘也好，總之要握著畫筆。當握筆不再覺得卡卡的、握起來愈來愈順手時，就是所謂「熟悉畫筆」的感覺。如果握筆能讓你感到安心就更完美了！到了這個程度，自然就能畫出漂亮的線條，減少不均勻的筆跡。這比學習任何厲害的技術都要進步得更快才是。

4 欲速則不達

隨著塗裝的進行，感覺焦慮、著急是很常有的事。如果因此自行嘗試節省時間的做法反而可能會失敗，也會一再做出平常不會犯的失誤，例如要是急著描線，就可能會不小心畫

出去，修補反而浪費了更多時間。在變成這種狀況前，轉換心情是很重要的。還請各位隨著自己的個性，追求自己的理想。碰上瓶頸時，其實是做出更好作品的機會，因為我們或許能藉此打開新的大門，學到全新的表現手法。

5 想像力是關鍵

請將想像力當作看準目標、訂立終點的能力。想像力能幫助製作者思考要完成作品需要什麼做法及流程。想像力並非來自優秀的才能或特別的技術，任何人都有想像力，而且能夠培養與加強。請將作品完成後的想像圖畫在素描本或筆記本上，或實際畫在模型上來掌握理想中的效果。如果無視想像力，不僅模型會塗得七零八落，給人鬆散隨便的印象，也很難真正完成一個作品。

重塗前需要做的事

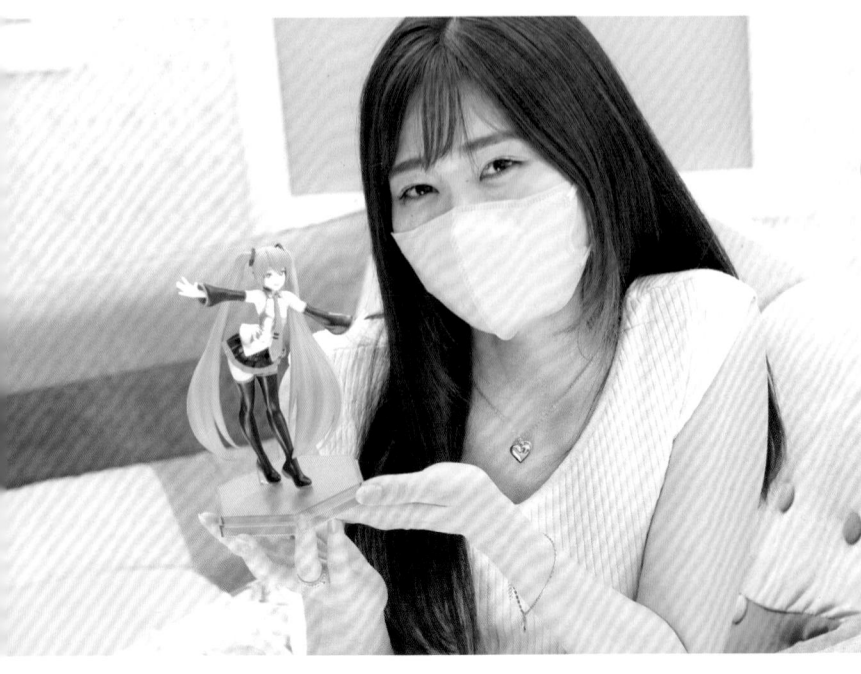

① 決定要塗裝的模型

雖然任何模型都能重塗，但對初學者而言應盡量挑選比較適合重塗的模型。挑選時有以下3個重點：尺寸、形狀與顏色數量。一開始建議選擇尺寸不會太大或太小、全高約15～20 cm的模型。形狀則選擇凹陷或縫隙較少的類型。至於顏色，也盡量選擇顏色數量較少的模型。

② 想像完成後的質感

正式進入作業前，請在腦中仔細想像作品完成後會是什麼樣子，想要塗成什麼顏色？塗得可愛還是塗得帥氣？如果不事先決定好這些問題的答案，可能塗到一半就會猶豫不決，難以繼續塗下去。因此，請在塗裝前至少先大致決定好作品的主題及完成後的質感。

3

細分並設定多項目標

之所以要細分成多項目標，是因為即使只有一點，我也希望大家能體會到完成目標時的成就感。第一次進行塗裝時，可能會對一些小失敗感到挫折，有時甚至會失去耐性，難以繼續塗下去。若能持續達成多項目標，就能慢慢培養起自信。

像這樣設立目標更容易達成

漂亮地畫出
上衣的線條！

像這樣改變
裙子的顏色！

意識到形狀的
流向並上色！

今天只要努力
畫緞帶就好！

4 收集資料

為了確定作品完成後的感覺，即使在實際重塗時也必須準備好各種資料。
請參照下方要點，確認應收集的資料及收集方法。

有效的資料

**用光照射重塗前的模型
並拍照留存**

在塗裝前先用燈光照射模型，確認陰影和光線的位置，並拍下照片當作了解模型上陰影明暗的資料。只要保存照片，在塗裝時就能隨時拿起來參考。

應該收集
什麼樣的資料？

無論是動畫的靜態圖片、雜誌的宣傳圖、還是插圖及漫畫等都能當作參考。至少要收集到角色正面、側面及背面的圖片，收集各種角度的資料對模型塗裝來說是很重要的。

為什麼需要
收集資料？

如果沒有任何資料，就只能憑藉想像來塗裝，這即便對老手來說也是相當困難的事。這個部位該用什麼顏色？哪裡會有陰影？碰到這些問題時若手上有資料可以參考，就能更順利地進行塗裝作業。

用具介紹

筆塗需要準備的畫筆及塗料種類繁多，挑選用具時很容易感到困惑。此外，每種塗料也需要準備各自專用的溶劑。本節會介紹多種相當方便的塗裝專用工具及相關知識，如果能先準備好更可以事半功倍。雖然隨著塗裝方式不同，可能會需要用到其他用具，但基本上只要準備好這裡提到的用具基本上就沒問題了。

畫筆

使用比例

8 ： 2

面相筆　　　平筆

在本書所解說的二次元彩繪中，面相筆與平筆的使用比例為8：2左右。這個比例會隨個人的塗裝方式而有所變動。

面相筆

用來描繪細節的極細畫筆，在二次元彩繪中會很頻繁地使用。若能分別準備主要使用的筆以及用來專畫細緻部位的筆會很方便。

平筆

用來快速塗滿大範圍面積的畫筆。由於平筆不會用來畫細節，所以只要尺寸不會太大，選擇自己喜歡的款式就可以了。

MAman 推薦

榛形筆

雖然形狀跟平筆很像，但筆頭不像平筆般平直，而是帶有圓弧狀。在塗裝大範圍面積時不只速度跟平筆相當，而且因為沒有角，所以筆觸看起來也更溫和、柔軟。

調色皿

裝在玻璃瓶裡的硝基漆不能直接使用，通常會先倒進調色皿中，經過稀釋及調色（請參照 P025）後再用。水彩畫常用的調色盤不適合用來塗裝模型漆，請盡量準備多個調色皿或模型漆專用的調色盤。

使用前先用鋁箔紙包起來，之後清洗時會省力很多。把鋁箔紙鋪上去，再用其他調色皿壓住就能輕鬆包上鋁箔紙。攪拌時需要注意，如果畫筆用力壓在鋁箔紙上可能會使鋁箔紙破掉。

塗料

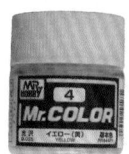

我覺得硝基漆最適合做二次元彩繪，不過使用水性漆也沒問題。

硝基漆	水性漆	琺瑯漆
・不易掉漆 ・遮蓋力強 ・顯色漂亮 ・在塗裝面上的附著力強 ・乾燥快 ・具有易燃性	・可以用水稀釋 ・幾乎沒有臭味 ・塗料的流動性佳 ・適合量塗表現 ・乾燥慢	・顯色漂亮 ・使用專用溶劑就能輕易擦掉 ・硝基漆溶劑不會溶解琺瑯漆 ・本書中主要用於描繪草圖

二次元彩繪推薦使用顆粒細緻的模型漆，尤其是硝基漆及水性漆這2個漆種。由於硝基漆具有容易引燃的特性，請事先了解其危險性並遠離火源，使用模型漆時也請保持室內通風。

MAman 推薦

【水性漆】

【硝基漆】

【琺瑯漆】

硝基漆品牌推薦選用 GSI Creos（照片）、GAIANOTES、TAMIYA 等等。硝基漆遮蓋力強，不容易被底層的顏色影響，最適合用來做二次元彩繪。

GSI Creos 的 Mr. COLOR 系列因為顏色豐富，深受模型玩家喜愛。另外還有螢光漆（照片）、金屬漆、珍珠漆等各類漆色。

又稱水溶性壓克力漆，推薦使用 Citadel Colour、SCALE75、Vallejo 等品牌。不喜歡溶劑臭味，或環境上必須在火源旁進行塗裝的人都建議使用水性漆。

琺瑯漆即使乾燥了，也能用專用溶劑輕鬆去掉顏色，因此可用來在模型上描繪草圖，無論幾次都能修改並重新畫上去。

溶劑

溶劑可用來稀釋塗料濃度。不論是硝基漆還是水性漆，未經稀釋前都會因為濃度太高，難以用來塗裝，不過除了水性漆外都無法用水稀釋。因此，每種塗料都必須準備專用的溶劑來稀釋。

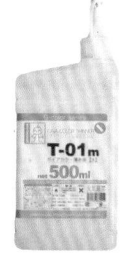

硝基漆專用溶劑

最常用的就是「GAIA COLOR 硝基漆溶劑」或「Mr. COLOR 硝基漆溶劑」。使用時倒出少量到調色皿中。

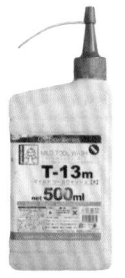

工具清洗劑

溶解塗料的能力比溶劑更強，可以洗掉附著在畫筆上的硝基漆或調色皿上的頑固汙漬。

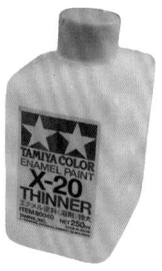

琺瑯漆專用溶劑

除了稀釋塗料濃度，也可以用來清洗使用後的畫筆。

各種方便道具

重塗用具

用舊的畫筆
需要用筆稀釋塗料或調色時可以使用舊畫筆。跟塗裝用的筆分開使用，就能妥善運用畫筆剩下的價值。

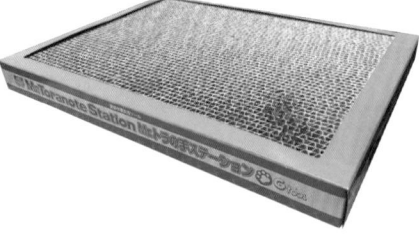

調色棒
一頭是湯匙狀，另一頭是刮刀狀的金屬棒。想攪拌塗料或從玻璃瓶將塗料撈到調色皿時都很方便。

乾燥底座
等待塗料乾燥時可用來固定噴漆夾的紙製底座。可以插入噴漆夾的蜂巢結構非常方便。

噴漆夾
在細長棒子前端固定著鐵夾的工具，在塗裝或乾燥零件時相當方便。請依零件大小選用適當的噴漆夾。

滴管
用來慢慢加入少量的溶劑或緩乾劑。建議選用管體較長，可以充分吸入溶劑的類型。

筆架
重塗中會需要用到多支畫筆，如果有個可以放置畫筆的筆架可以大幅提升塗裝效率。

用舊的筆

鑷子
方便用來撕下遮蓋液，或取掉沾附在模型上的灰塵及毛髮。盡量選用前端尖細的模型用鑷子。

筆筒
保管畫筆的器具。選用有隔板的筆筒較為方便，可以區別主要使用的筆、用舊的筆及尚未使用的新筆。

主要使用的筆

自製的濕式調色盤
可以延緩水性漆乾燥速度的調色盤。將沾濕的吸水布放在托盤上，然後再蓋上烤盤紙就完成了！

遮蓋＆保養工具

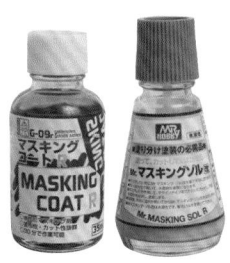

遮蓋液

不想塗到漆的部分可以事先塗上遮蓋液來保護。遮蓋膠帶難以完全遮住的複雜形狀或面積狹小的部位都可以使用遮蓋液。乾燥需要花費較長時間。

緩乾劑

緩乾劑對乾燥速度快的硝基漆特別有效。只要在準備稀釋的塗料裡稍微加入一點緩乾劑並攪拌，就能減少筆跡斷裂、不均勻的問題。

筆刷清洗液

在用來洗掉硝基漆的清洗劑中添加護筆成分的筆刷專用清洗液。在洗筆時最後使用筆刷清洗液，就可以讓筆毛滑順整齊。

保護漆

保護塗料不會剝落掉漆的保護劑。不同塗料需要使用各自專用的保護漆。使用時請務必配戴口罩，並在通風良好的地方噴漆。

遮蓋膠帶

用來遮住特定部位以免塗到漆的工具。適合用在大範圍面積、人物模型的手腳等方便纏繞的部位。

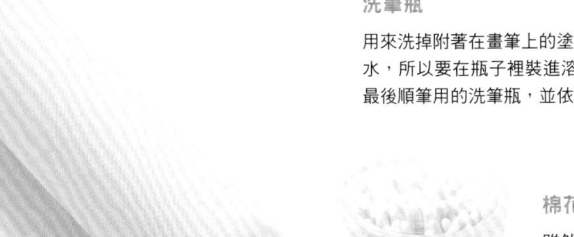

洗筆瓶

用來洗掉附著在畫筆上的塗料。由於硝基漆不溶於水，所以要在瓶子裡裝進溶劑。準備第1、第2及最後順筆用的洗筆瓶，並依照順序放入畫筆清洗。

棉花棒

雖然市面上售有不易起毛的模型專用棉花棒，但其實百元商店的平價棉花棒就很夠用了。準備如嬰兒用的細軸棉花棒等各種大小的棉花棒會更加方便。

廚房紙巾

吸收油與水的能力更好，而且不容易像面紙那樣起毛。清洗模型後最好使用廚房紙巾來擦乾。

MAman 原創品牌

0Color.

MAman與製造商合作共同開發的原創品牌，旗下售有畫筆及調色皿，從設計到材料皆由MAman自身所提案，務求最極致的塗裝體驗。產品蘊含站在使用者角度所設計的各種巧思，讓纖細的筆塗也能塗得舒適、精美。

0 Color. brush

筆毛品質、長度及寬度皆有所講究。每1組包含deka、hutu-、chibi共3種尺寸，可以進行更細緻的筆塗。包裝中的固定具可以直接當作筆架使用。

0 Color. DISH

可以更換拋棄式內碟的調色皿，另外還能蓋上蓋子暫時保存調色後的塗料，具有相當多樣的各種功能。

上色的基礎

本節將介紹準備塗料的方法，還會一併解說顏色的原理、調合做出新顏色的注意點及稀釋的方法。

準備塗料

在模型店或玩具專賣店等商店中，光是本書主要使用的硝基漆就售有數量多到數不清的顏色。漆瓶的瓶蓋本身便是顏色樣本，請攜帶想塗裝的人物模型資料到現場實際比較，並購買需要的塗料。熟悉重塗後，也可以嘗試混合2種以上的顏色做出新顏色，挑戰並體驗調色的樂趣。

顏色的原理

顏色由紅、藍、黃三原色組合而成。請看下圖。正中間的三角形為顏色基礎的三原色，當紅色與黃色這2個相鄰顏色混合後，就成為上方的橘色。在這樣的基本色中添加黑色或白色，就能調合出更明亮或更暗沉的顏色，做出多樣的顏色組合。

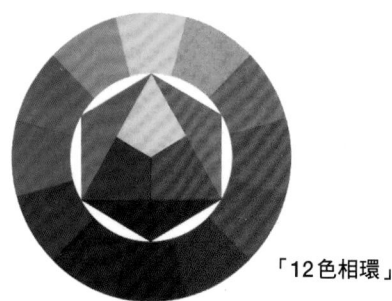

「12色相環」

看清楚使用的是什麼顏色

綠色的基本調色方法是黃色加上藍色，但方法實際上並不是只有1種。希望各位能多方嘗試並累積經驗。只要磨練自己掌握色彩的能力，就能創造出自己理想中的顏色。

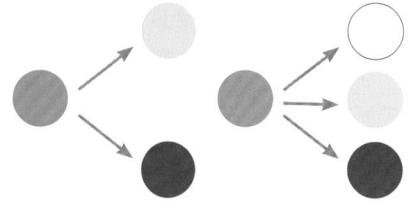

※此處顏色範例為想像圖，僅供參考

明度與彩度

顏色有明度與彩度，明度指的是顏色的明暗程度，彩度則指的是顏色的鮮豔程度。下圖用來表示紅色的明度與彩度。12色環中的顏色只有顯示到右上的1小格，但實際上隨著明度與彩度的變化，還會產生更加豐富多樣的各種色彩。彩度幾乎為零的顏色（最左邊那一排）被稱為無彩色。

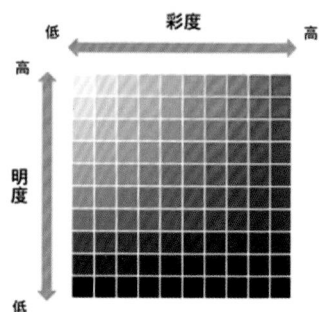

不要用黑色比較好嗎？

如果混入黑色，塗料的顏色可能會變得汙濁骯髒，塗裝肌膚等彩度高的顏色時務必多加小心。若是像下方照片中的衣服那樣彩度或明度較低的顏色，則或許可以用上黑色。

選擇高光色的方法

由於高光會畫在光照特別強的部位，必然會比基本色還要明亮。因此可以選用彩度低、明度高的顏色。至於明度及彩度要變化多少，則需要依照與其他顏色之間的搭配及比例來調整。

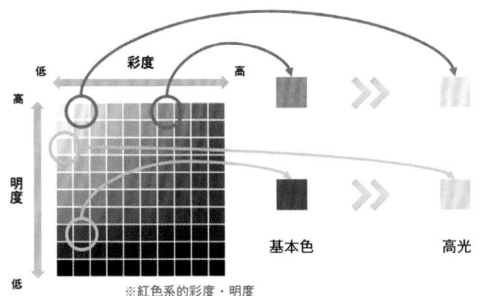

※紅色系的彩度・明度

【 高光 】

想做出高光色最推薦的方法，就是在基本色中混入白色。由於白色是明亮的無彩色，因此加入愈多白色，彩度就愈低、明度就愈高。如果要畫上2階段的高光，那就調整白色的比例。

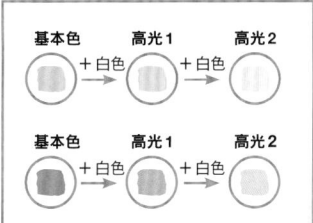

選擇陰影色的方法

選擇陰影色的要訣就在於挑選比基本色更暗的顏色，這麼一來彩度就會有下降的趨勢。明暗差距愈大，愈能畫出色彩鮮豔明確的效果。陰影的選色可以說是二次元彩繪中的關鍵之一。

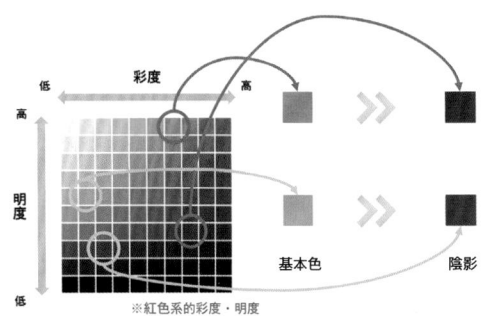

※紅色系的彩度・明度

【 陰影 】

若是在基本色中隨意加入黑色會降低彩度，因此想做出彩度高的陰影色是頗為困難的事。最推薦的方法是直接購買市售的塗料。如果要畫上2階段的陰影，那就在塗料裡混入白色。

稀釋塗料

稀釋指的是混合塗料與溶劑。一般市售的塗料基本上很難直接使用，流動性非常差，因此需要先經過稀釋再使用；然而要是稀釋過頭，顏色也可能淺到透出下層的顏色。如果稀釋失敗了，無論筆法多麼精湛都無法將塗料塗上去，因此希望各位能盡早掌握稀釋的訣竅。

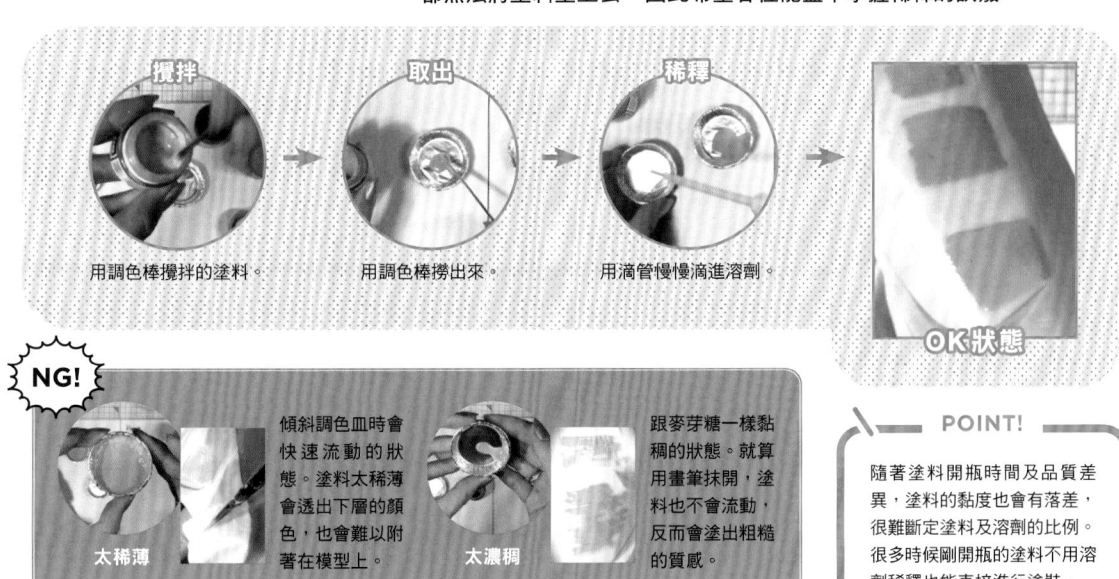

攪拌　用調色棒攪拌的塗料。

取出　用調色棒撈出來。

稀釋　用滴管慢慢滴進溶劑。

OK狀態

NG!

太稀薄　傾斜調色皿時會快速流動的狀態。塗料太稀薄會透出下層的顏色，也會難以附著在模型上。

太濃稠　跟麥芽糖一樣黏稠的狀態。就算用畫筆抹開，塗料也不會流動，反而會塗出粗糙的質感。

POINT!

隨著塗料開瓶時間及品質差異，塗料的黏度也會有落差，很難斷定塗料及溶劑的比例。很多時候剛開瓶的塗料不用溶劑稀釋也能直接進行塗裝。

分解與清洗人物模型

人物模型是由多個零件所組成，分解模型指的便是將零件從本體上取下。雖然這並非模型重塗的必要步驟，但隨著模型的形狀不同，可能會有畫筆畫不到的角落或縫隙，而且通常分解後也更方便進行筆塗。作為塗裝前的事前準備，先學會分解的方法絕對不會吃虧。

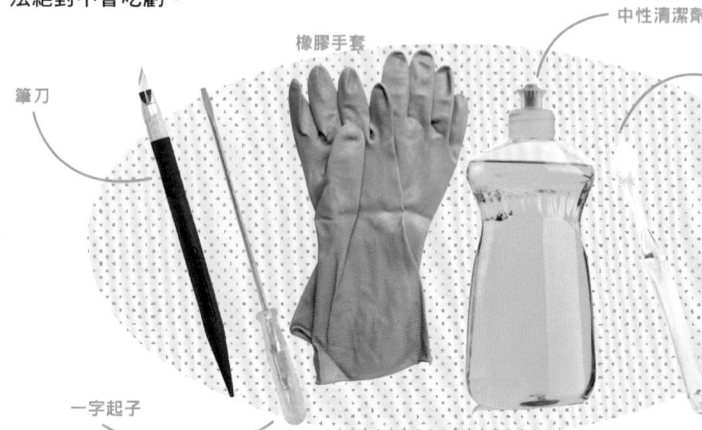

筆刀

橡膠手套

中性清潔劑

牙刷

一字起子

必要工具

分解時的模型會相當燙手，準備厚一點的橡膠手套就能安心操作。一字起子與筆刀用來拆解零件，中性清潔劑與牙刷（用舊的牙刷）則用來清洗分解後的模型。

STEP 1　決定要分解的零件

人物模型通常由頭部、胸部、衣服、腳部等零件組成，因此只要將接合處拆開就可以 分解成多個零件。衣服與飾品之間、襯衫內側、瀏海與臉部的縫隙等畫筆畫不到的地方就需要經過分解才能塗裝。

STEP 2　確認可以分解的位置

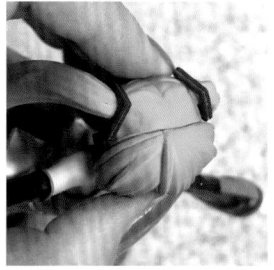

仔細觀察人物模型應該可以找出零件接合的位置，分解模型時會把這個接合處拆開。由於每個模型的零件組成都不同，所以一定要先確認哪裡是可以拆、哪裡是不可以拆的零件。

STEP 3　將模型泡進沸騰的熱水中

先準備一個能泡進整個人物模型的深鍋，然後將水煮沸。運用塑膠模型加熱後會變軟的特性，將模型泡在沸騰的熱水裡，直到變成軟綿綿可以折彎的程度。由於此時的模型會溶出油脂，所以請使用不會拿來烹飪的鍋子。

STEP 4　拆下零件

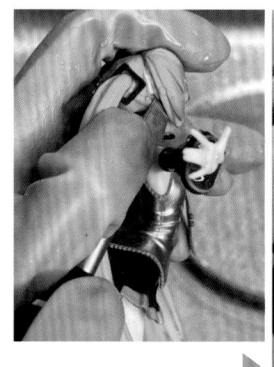
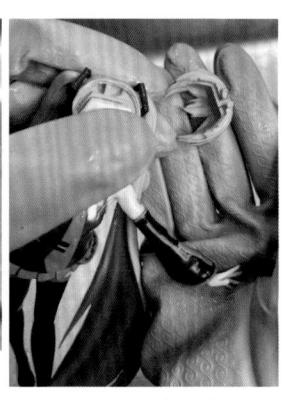

泡在熱水中的模型變軟後，就將零件從接合面上拔下來。由於模型非常燙手，作業時請務必戴上橡膠手套。拆不太下來的時候可以活用槓桿原理，小心地用一字起子慢慢掰開。

STEP
5 將接合面削平

檢查拆下來的接合面，若發現接合面粗糙不平時，要用筆刀將接合面削平。如果沒做這個步驟，將零件裝回去時可能會沒辦法咬合，並產生凹槽或縫隙使零件鬆脫。

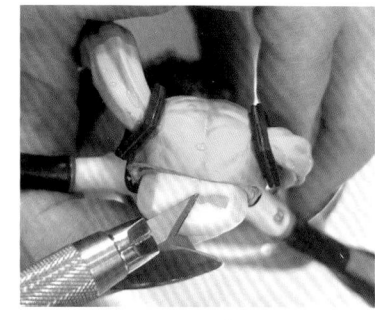

STEP
6 裝回零件

加熱軟化後的零件在冷卻後又會變硬，因此可以活用這個特性，將拆下來的零件再次放進煮沸的熱水中軟化，然後裝回本體上。當零件與本體完全貼合後，再用冷水冷卻。如果難以順利裝回去，就反覆多做幾次泡熱水、裝回去本體及用水冷卻這一連串的步驟。

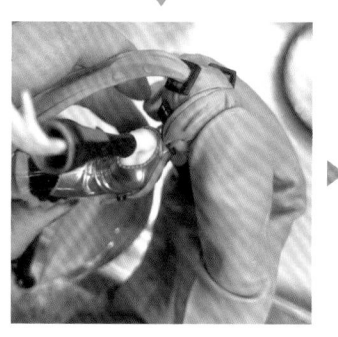 ▶ 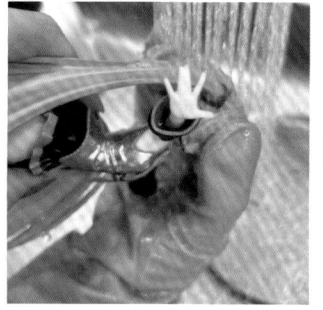 ▶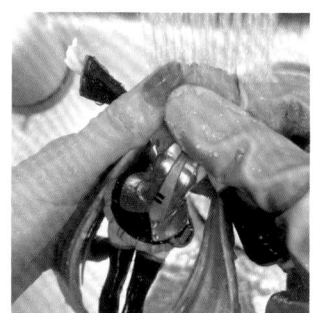

STEP
7 洗掉模型上的油脂

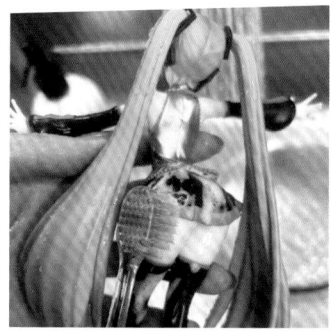

重塗時模型泛出的油脂可能會讓塗料在塗上去後很快就脫落掉漆，因此要先用中性洗碗精等清潔劑洗乾淨。可以用刷毛柔軟的牙刷輕輕刷洗，將表面的油脂徹底刷掉。

STEP
8 擦乾並放置乾燥

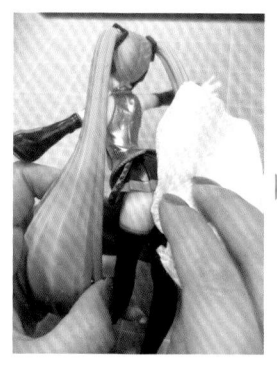 ▶

清洗後用廚房紙巾擦乾然後放置到乾燥。雖然自然風乾也可以，但利用乾燥箱（請參照P113）乾得更快、更有效。將溫度設定在弱，就不會在烘乾過程中損傷模型。

MAman作品範例 vol.1

「Verse01　水晶天使ARIA」/壽屋

© KOTOBUKIYA

MAman's Voice

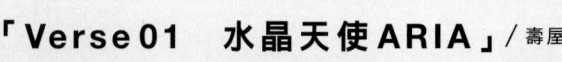

還原美麗無比的插圖！
致敬插畫家碧風羽老師所繪
製的原畫風格！我盡可能
塗出原本插圖的生動質感。

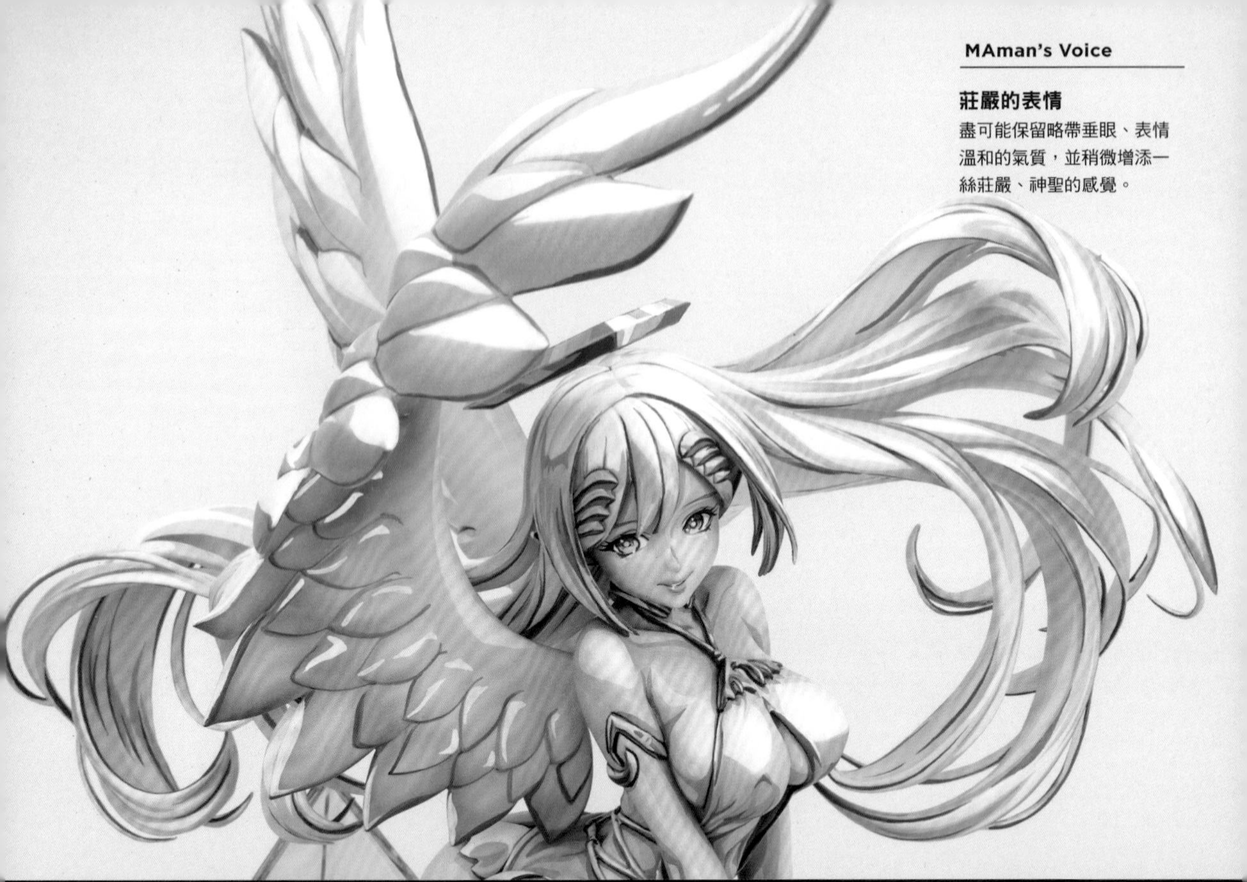

MAman's Voice

莊嚴的表情

盡可能保留略帶垂眼、表情溫和的氣質，並稍微增添一絲莊嚴、神聖的感覺。

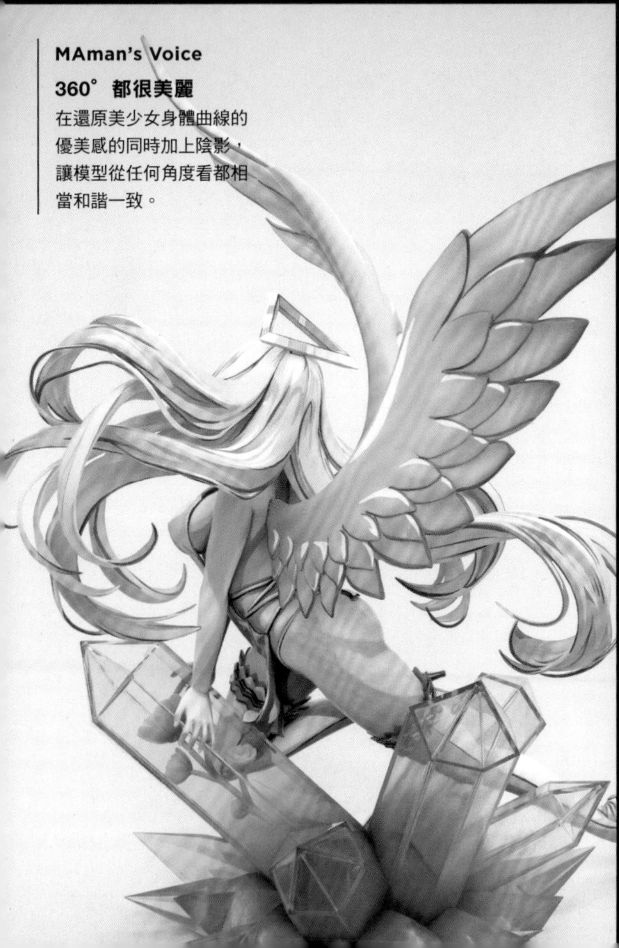

MAman's Voice

360°都很美麗

在還原美少女身體曲線的優美感的同時加上陰影，讓模型從任何角度看都相當和諧一致。

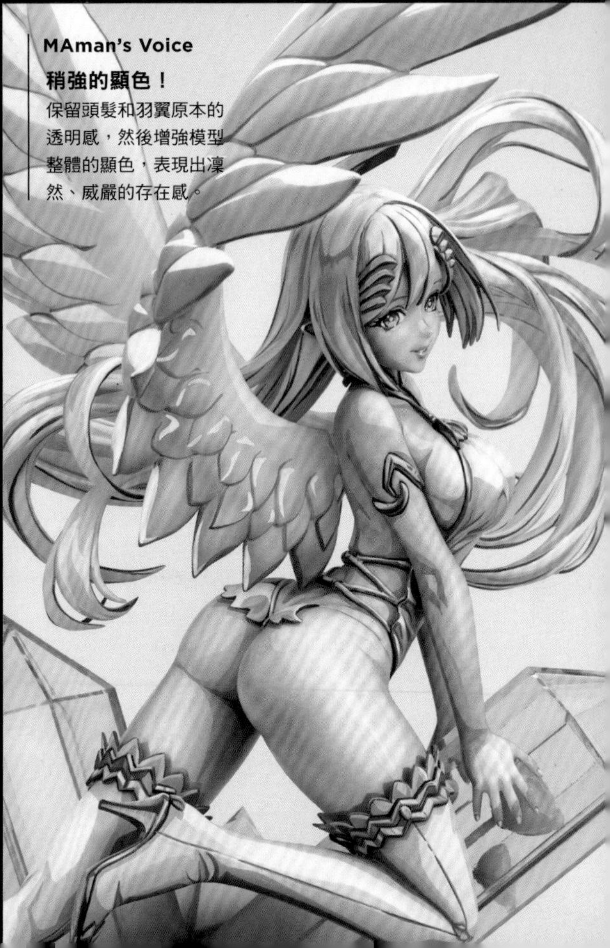

MAman's Voice

稍強的顯色！

保留頭髮和羽翼原本的透明感，然後增強模型整體的顯色，表現出凜然、威嚴的存在感。

CHAPTER 2

動畫風塗裝　初級篇

一開始先練習使用畫筆，
熟悉後再開始塗裝模型。
需要記住的基本技巧有3點，
將每一點都好好掌握住吧。

順好筆毛

在畫細線、輪廓線等細膩線條前，一定要讓筆毛吸飽塗料並順好筆毛，在擠掉多餘塗料的同時讓筆毛保持尖銳。想要順好筆毛，平時的保養也很重要，譬如在塗料凝固前頻繁清洗等等；使用後也要徹底洗掉塗料，並順好筆毛細心保管。

使用後用清洗液保養畫筆
（請參照P023）

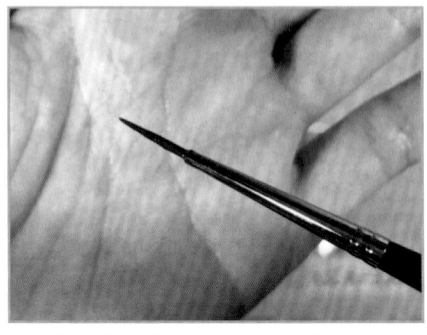

塗裝開始前將畫筆順成照片般筆毛尖銳整齊，塗料不會四處滴下來的狀態。

好好保養畫筆就能用得長久。當筆毛怎麼樣都收不攏時，就是換筆的時機了。

其實就跟用筆寫字相同，大家應該能想像手舉在半空中會很難寫字的情況。

做出手的支撐軸

手的支撐軸有2種，一種是持畫筆的慣用手所做出的「手部支撐軸」，另一種是持模型的另一隻手所做出的「握持支撐軸」。做出支撐軸的方法並不只有一種，這邊會各介紹2種基本類型，還請各位實際試看看，找出自己最容易支撐手的方法。

手部支撐軸

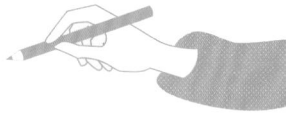

類型 1　　　　　類型 2

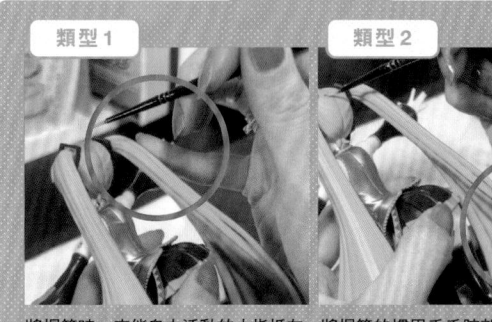

將握筆時一定能自由活動的小指抵在模型上當作支撐軸的方法。

將握筆的慣用手手腕部分抵在模型上當作支撐軸的方法。

握持支撐軸

類型 1　　　　　類型 2

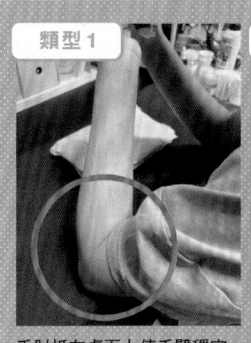
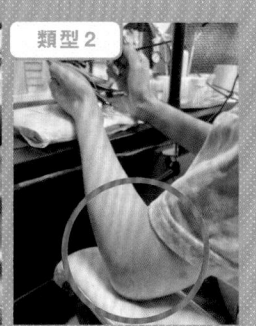

手肘抵在桌面上使手臂穩定的方法。

手肘抵在椅子扶手上使手臂穩定的方法。

支撐軸是能夠纖細運筆的關鍵！

做出手的支撐軸最重要的理由，就是保持畫筆穩定，說這是畫出纖細筆觸最不可或缺的重點也不為過。沒有支撐軸就無法塗得漂亮，線條也會畫得歪七扭八。

下筆與提筆

用畫筆塗裝模型，不論畫筆如何動作，一定會發生將筆置放（下筆）、離開（提筆）模型的過程，這是筆塗中非常重要的基本動作。如何下筆、提筆，都會表現出完全不同的線條。此外，出多少力壓著畫筆移動的「筆壓」也跟線條表現有密切關聯。以下會舉出實際例子並具體說明。

下筆

＜筆壓較強＞
如果用力壓下畫筆，那麼下筆時的起點形狀就會變大、變粗。

＜筆壓較弱＞
用較弱的筆壓輕移畫筆，下筆時的起點形狀就會變小、變細。

提筆

＜到最後都保持均衡筆壓＞
從下筆到提筆都以相同筆壓移動畫筆，就能畫出從頭到尾沒有強弱差異、均衡一致的線條。

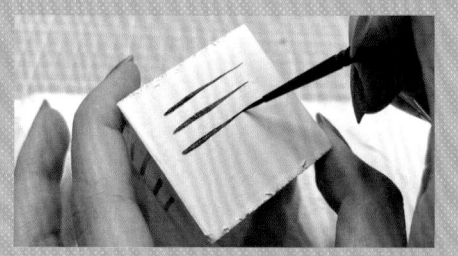

＜最後減輕筆壓＞
在接近尾巴時漸漸減輕筆壓，線條就會愈來愈細。這是二次元彩繪很常使用的表現方式。

CHECK!

畫尖銳的部分

想畫出尖銳的角時要減輕筆壓，輕柔且快速地下筆。如果太用力角會被壓扁。

立起筆尖畫

可以畫出尖銳的線條，適合畫細微或線條繁雜的地方。

平貼畫筆畫

可以畫出寬扁的線條，適合用來均勻塗滿大面積。

先從二次元彩繪中最基本的技巧「高光」的畫法開始學習吧。將光打在模型上時，會變亮的地方就是該畫上高光的位置。若能夠精確掌握並畫上高光，就能讓模型瞬間產生二次元般的質感。

使用的人物模型是這個

湊阿庫婭

湊阿庫婭為所屬於 hololive production 的虛擬 YouTuber，在 hololive 中為二期生。在這次的模型中可以看到她為主人送上蛋包飯的可愛模樣！由於海之女僕服上面積最大的基本色是較深的深藍色，更容易感受到高光的效果，因此我選用來當作教材。頭髮的弧形也很適合學習高光的畫法。

START!!

STEP 1 決定光源位置

先設定人物模型最佳的姿勢角度（最主要想展現的角度），然後實際打光來思考光源位置。如果感到猶豫可以設定在略為斜上方的位置，這樣看起來最為協調且自然。這一次我設定在從塗裝者看過來的右斜上方。正式塗裝前可以在模型上大致畫出草圖，方便掌握什麼地方要畫得明亮。

STEP 2 塗裝裙子的正面

先確認塗上模型時的色調。

轉動並保持在方便塗裝的角度。

先準備與裙子顏色相同色調的塗料再慢慢混進白色，調出用來畫高光的顏色，接著用畫筆沾上完成後的塗料，先畫出輪廓線再將輪廓線裡面塗滿。

— POINT! —

如何決定高光的顏色
以基本色為基礎，再調色成明度高上許多的顏色。

STEP 3 塗裝兩袖及胸口領結

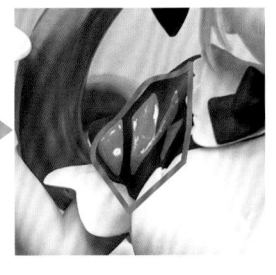

打光後變亮的地方畫上高光。

輕輕運筆是避免失敗的訣竅。

塗裝右肩、左肩及胸口的領結。塗裝面積小的地方時，畫筆沾的塗料也要少一點。一口氣把畫筆壓在模型上很容易塗失敗，最好盡量立起畫筆然後輕輕將塗料塗上去，這樣能夠減少不小心畫出去等失敗情況。

STEP 4 塗裝模型的背面

想輕輕畫出筆直的線其實挺難的……！

接著塗裝背部及裙子等模型的後側。若在這之前的步驟中已掌握到描繪輪廓線的手感，那這次在塗裝時就進一步留意面的位置或依照輪廓線下筆及提筆的時機（請參照P033）。

即使形狀複雜，但只要細心描繪輪廓線再塗就絕對沒問題。

POINT!

沒有一筆畫完輪廓線也沒關係

輪廓線就算分成好幾次描也沒關係，重點是要好好順筆，畫出漂亮的銳角與清楚的形狀！

STEP 5 塗裝綁頭髮的蝴蝶結

雖說主要光源設定在塗裝者看過來的右斜上方，但左右兩邊的蝴蝶結都要好好畫出高光。像這種時候，靠近光源的蝴蝶結要稍微多畫一點高光。量與形狀就視情況調整吧。

意識到打光的方式並決定高光的形狀。

STEP 6 塗裝鞋子

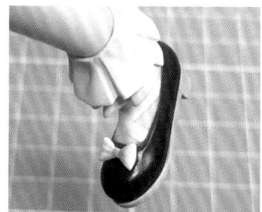

主要在帶有圓弧的部位或前端部位畫上高光。高光只要決定大致的位置就好，所以形狀可以多做一些變化。這次因為是畫在腳邊，所以試著減少一點高光的面積。若想畫出大膽的高光也可以。

也要細心留意小飾品或配件並畫上高光。

STEP 7 塗裝左髮

比起平面，弧線上的高光更為複雜。

POINT!

決定高光位置及形狀的訣竅

①靠近光源的位置
②彎曲部分的頂部
③照到更多光的地方

只要把握這3點基本上就OK了。由於這次光源設定在塗裝者看過來的右斜上方，所以模型的左側畫了比較多的高光。

先準備好接近原本粉紅髮色的塗料，然後加進白色調成高光用的顏色（明亮的粉紅色）。由於頭髮彎出一個弧度，所以弧線的頂部畫出較寬的高光，而靠近兩端則愈畫愈細，最後畫成細長的新月形，這樣看起來會更加自然。

STEP 8 塗裝右髮與瀏海

以跟左髮相同的要訣繼續塗裝右髮與瀏海。彎曲部分的頂部要畫上最飽和的高光，而瀏海則在光照最多的額頭附近畫上較多的高光。若能沿著頭髮的流向畫高光，就能畫出清晰明確的高光效果。兩側編髮的部分也要畫上高光。臉部或臉部周圍等會大幅影響人物印象的部分，則可以參考角色資料或插圖，以同樣的方式畫上高光。

STEP 9 猶豫高光位置時的解決方法

若對於高光該畫在哪個位置、該怎麼畫都沒有頭緒，那就拍下模型的照片，再透過照片來觀察，以貼近平面插圖的感覺來觀察人物模型。

POINT!

觀察模型整體的光影

用照片來觀察的另一個優點是不會侷限在特定部位，能更宏觀地觀察整個模型。如果將燈光放在設定好的光源位置上再拍攝，更能了解模型的光影情形。

STEP 10 塗裝頭髮的藍色部分

先準備好接近藍色髮色的塗料，再加入白色調成高光用的顏色。畫高光的要訣與塗裝粉紅髮色時相同。如果高光的位置或面積較多，會給人閃亮、耀眼的印象，這部分可以隨自己的喜好調整。

塗裝的面積較小，所以準備少量塗料就可以了。

STEP 11 塗裝蛋包飯

從正上方畫，以免畫到凸出來的番茄醬部分。

POINT!

順筆並調整形狀

想在照片中的番茄醬這種狹長的位置畫上高光，那塗裝時就要隨時留意筆毛有沒有順好。筆毛務必保持尖銳整齊，並輕輕地畫上細線。

最後在蛋包飯上畫上高光。請參照前面的說明，要各自準備蛋與番茄醬的高光用塗料。蛋的部分由於沒有凹凸起伏，所以高光的面積可以畫得更大一點。

Before

即使沒有畫上陰影，但只是畫上高光就
能讓整個模型帶給人明亮活潑的印象。
如果想畫出更加自然的效果，那就減少
整個模型的高光面積，畫出如線條般的
細長高光。

▼

After

不用重塗整個模型，光是改變頭髮或衣服等部位的顏色就能給人煥然一新的感覺。透過這個步驟，不僅能學到畫出明確漸層的方法，進一步強調模型的二次元感，還能學到遮蓋及塗裝大範圍面積的技巧。

使用的人物模型是這個

POP UP PARADE 兔田佩克拉

兔田佩克拉為虛擬YouTuber團體「hololive」的3期生之一，是個長著兔耳、特愛紅蘿蔔的女孩。由於塗裝大面積會比只塗裝狹小部位還要來得困難一些，因此選用服裝平滑寬廣的此模型，以便掌握塗裝的訣竅。若頭髮的漸層塗得清楚明確，會更具有二次元彩繪的效果！

START!!

POINT!

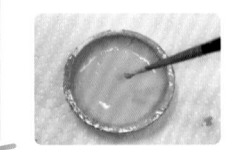

畫筆沾取的塗料量

塗裝時必須視塗裝面積來調整塗料量；大面積要吸滿塗料，而小面積則要適當擠掉塗料，不要讓塗料滴下來。

STEP 1　塗裝左上半身

塗裝大面積時為避免顏色不均，必須先適當分成幾個區塊。每個區塊都跟畫高光時相同，先畫出輪廓線再將輪廓線內塗滿。以下步驟到STEP **6**為止是劃分區塊的一個範例，不過其實按照自己方便操作的方式劃分區塊也沒問題。

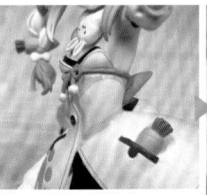

先從輪廓線開始畫，再將輪廓線內填滿。

STEP 2　塗裝左邊裙子的正面

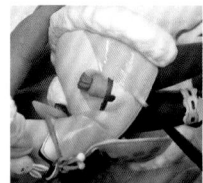

右撇子盡量依逆時針方向塗裝，這樣更便於固定手的支撐軸。

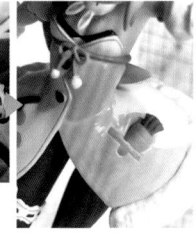

朝著相同方向畫，並將大面積塗滿。

STEP 3　塗裝左邊裙子的背面

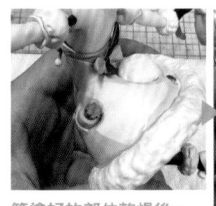

將口袋等形狀上的重點部位當成分割區塊的標記會更容易畫。

等塗好的部位乾燥後，再塗下一個部位。

STEP 4　塗裝右邊裙子的背面

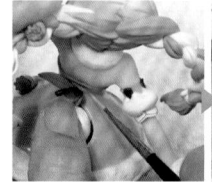

若擔心塗得不夠均勻，可以將區塊再劃分得更細。

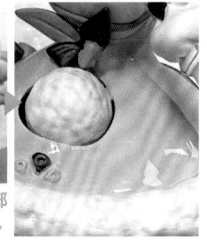

塗裝時會造成阻礙的部位，可以用手稍微推開。

STEP 5　塗裝右上半身與右邊裙子的側面

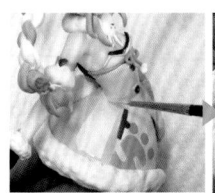

塗裝複雜的面時，先畫出分界線，接著再繼續塗其他部分。

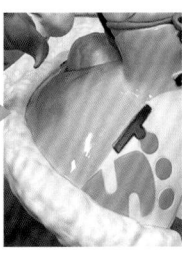

凹進去的形狀不容易塗，需要多加注意。

STEP
6 塗裝右邊裙子的正面完成服裝改色

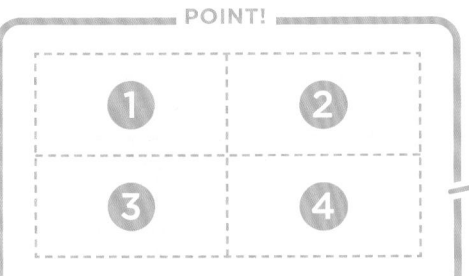

POINT!

塗裝大面積的訣竅

按照模型的形狀像上面這樣劃分成①～④的面。
1次畫1個區塊。

塗裝剩下的右邊裙子正面,這樣就轉一圈塗裝完所有面
了。最後檢查是否有沒塗到的地方;確認交界線等各處
細節都塗好後,服裝的改色就完成了。

STEP
7 遮蓋

POINT!

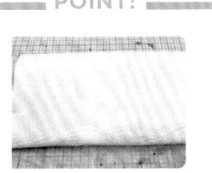

製作安全的靠墊

可以用保鮮膜及廚房紙巾包住毛巾
自行製作靠墊,幫助支撐拿模型的
手。塗到一半想放下模型時,模型
的漆膜也較不易受到損傷。

為避免臉部等處沾到塗料,
要先用遮蓋膠帶貼起來,當
作塗裝頭髮的事前準備。黏
貼時想像塗料可能會沾到的
地方,並將膠帶貼進額頭與
瀏海之間。手指伸不進去的
部位可用鑷子,盡量連各部
位深處都仔細貼起來。如果
擔心塗料四處噴濺,那麼也
可以先將範圍貼大一點。

STEP
8 將髮色從藍色改成紫色

在頭髮的漸層部分畫出清楚的輪廓線。

準備紫色的塗料,先畫出輪廓線後再塗滿輪廓線裡面。瀏海、側髮、後腦勺等
處適當劃分成幾個區塊來塗裝。描繪漸層部分的輪廓線時,要仔細畫得清楚分
明。注意下筆及提筆(請參照P033)時機,以畫出細瘦飄逸的線條為目標。

POINT!

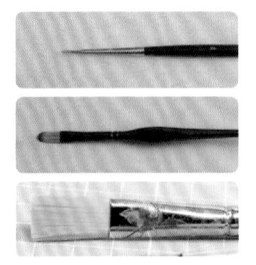

依部位選用適當的畫筆

塗大面積時,選用稍大的面相筆
(上)、平筆(下)或是榛形筆
(中間)能加快塗裝速度!不過
也要注意若畫筆太大,就很難進
行細微的控制。

9 塗裝髮辮部分

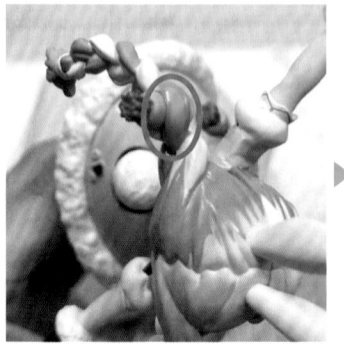

即使是塗小面積，但同樣要先畫好顏色的交界線再將裡面塗滿，這樣才能有效率且漂亮地塗好顏色。白色部分要保留，而藍色部分則需要小心謹慎地塗裝。最後從各個角度檢查，確認是否有沒塗到的地方。完成髮色變更後，就等待漆膜乾燥，再將遮蓋膠帶撕下來。

STEP 11 塗裝紅蘿蔔

因為是很細緻的部位，一定要謹慎&細心！

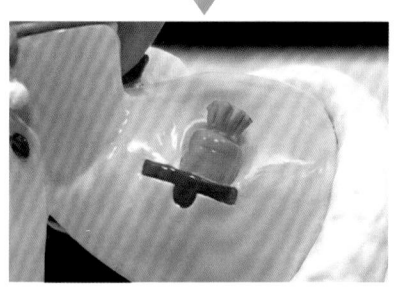

STEP 10 塗裝裙子上的花紋及口袋

塗裝顏色相同的地方盡量同時一起塗比較有效率。裙子上的花紋塗成跟髮色一樣的紫色後，接著準備深藍色的塗料來塗裝口袋。盡可能沿著形狀上原有的線來畫輪廓線。愈是細小的地方，下筆時就要愈輕～柔！

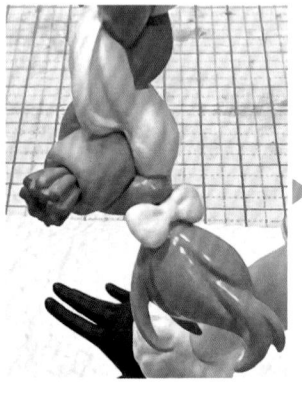

接下來改變插在口袋及髮辮上的紅蘿蔔顏色。這裡要注意的是疊上去的顏色與原本顏色之間的適配性；如果疊的是比原本更淺的顏色，那就必須塗很多次才能蓋過下方的顏色，而這很容易造成顏色不均勻的情況。若發生顏色不均，可以先等塗上去的塗料乾燥到一定程度後，再用相同顏色仔細地疊上去，如此一來就能塗出漂亮的色彩。

STEP 12 統一整體的質感

這次使用的人物模型原本就帶有消光的質感；再加上重塗上去的顏色有光澤，所以會讓整個模型的質感看起來雜亂無章，為此需要噴上保護漆（請參照P023）來統一整個模型的質感。在距離模型稍遠的位置，將保護漆噴上去。

━━ POINT! ━━

保護漆有多種效果

保護漆分成光澤、半光澤及消光等多種效果，可依照需求選用適當的種類。噴保護漆時一定要注意通風！

Before

整體而言顏色的分界變得更清晰，看起來會更有二次元的感覺。由於大幅改變模型外觀給人的印象，所以不僅能塗出自己的原創性，完成時也很有成就感，希望大家用各式各樣的模型積極挑戰變色的技巧。雖說只是改變顏色，但運筆的技術也會影響完成度；為了提升完成度，加強筆塗技術是不可或缺的功課。此外，選擇頭髮面積大、服裝花紋多樣、配戴許多飾品及小物品等塗裝重點很多的模型，更容易塗出自己的原創性。

After

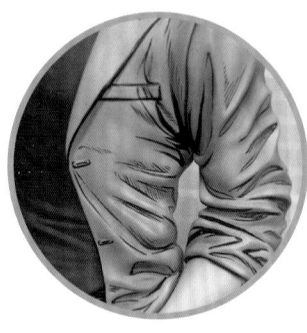

描線指的是在輪廓等處畫上線條。由於輪廓線是插畫特有的表現之一，因此在立體的模型上刻意畫上輪廓線，就能呈現出彷彿二次元插畫的視覺效果。除此之外本節還會介紹陰影及皺褶等其他描線類型，跟著我一起學習在不同部位畫出線條的各種效果吧。

使用的人物模型是這個

ARTFX J 冴羽獠

原型來自紀念動畫播映30週年的《城市獵人劇場版新宿PRIVATE EYES》主角冴羽獠。穿著衣服也能窺見的壯碩身材、夾克與長褲的細微皺褶、以及作品戲劇性的世界觀，都能藉由描線進一步烘托出來。

START!!

POINT!

該在哪裡畫上線條？

基本的描線部位是模型表面各個起伏處的輪廓線以及凹進去的溝槽。想像插畫中會畫上線條的部位應該會比較好理解。

STEP
1 夾克畫上大致線條

先順好筆毛後，輕柔地描繪上線條。

畫細長的凹槽時，務必注意塗料要擠乾淨。

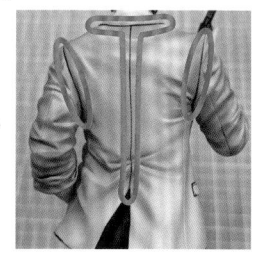

首先使用黑色塗料，在各個凹凸起伏處的邊緣，也就是輪廓的地方描線。夾克的衣領或衣襬就是線條很明顯的部位。接著在夾克背面的縱線等凹槽部分描線。

STEP
2

在夾克的細節處描線

手臂與夾克之間的深溝與其說是描線，更像是塗出深入內部的效果。鈕釦、口袋、皮帶等細節部位也要描出輪廓線，身體各個關節部位隨著人物動作，會在衣服上產生許多皺褶，請沿著皺褶的流向畫出線條。

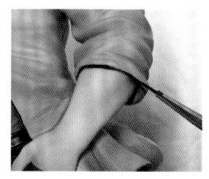

塗深溝處時，筆毛要順得更尖一點。

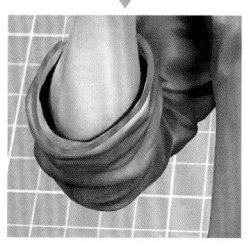

若皮帶等小物件也仔細畫，更能提升完成度。

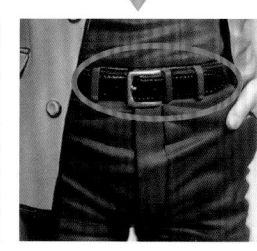

STEP
3 描出鞋子的邊緣

跟其他部位相同，沿著皺褶或縫合線描出線條。

雖然鞋子已經很接近黑色了，但只要不是純黑就需要描線。儘管不太顯眼，但描線後仍可加強立體感。

4 手部的描線

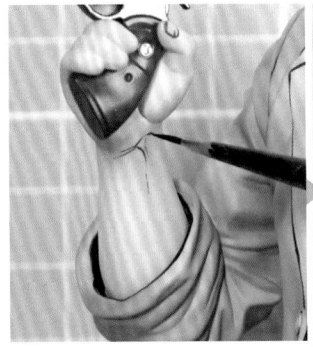

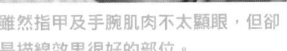
雖然指甲及手腕肌肉不太顯眼，但卻是描線效果很好的部位。

描繪手部線條的訣竅在於，配合要塗裝的角色選在最適當的特定部位描線，或是刻意讓線條斷斷續續。因為這次選用男性角色，所以指間、手部肌肉線條、骨頭等處都要描線。若是女性角色，可實踐中級篇「畫上陰影、顏色、線條」（請參照P052）的技巧。

── POINT! ──

畫出淡淡線條就有良好效果

如果沒有自信畫好陰影，那麼只要輕輕畫出強調頸部肌肉或鎖骨的線條就可以了。光是這樣就能加強印象，讓角色看起來更帥氣。

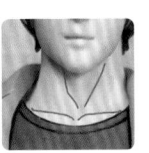

5 畫出下巴下方的陰影

通常來說下巴的下方是照不到光的部位，所以要用黑色塗滿。塗裝時若能意識到下巴尖端到臉頰兩側的臉部輪廓，畫起來比較不容易失敗。畫到這裡描線就算告一段落，暫且當作完成了也沒問題。

調整手拿模型的角度以便塗裝。

── POINT! ──

仔細觀察最佳角度！

臉部輪廓是左右角色印象的重要關鍵。為避免塗裝後陰影變得很奇怪，請盡量從最佳角度一邊觀察一邊塗裝。

6 頸部畫上線條

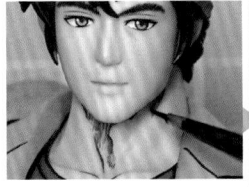
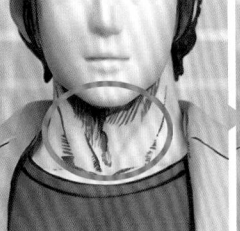
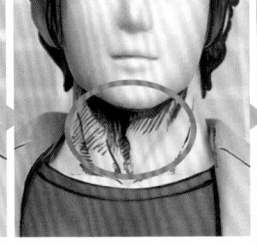
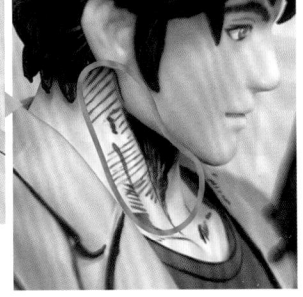

細心觀察並謹慎地畫上細線。

接下來稍微提升難度，在面的部分畫出線條。往特定方向畫數條細線，就能畫出陰影般的效果。陰影較深的部位則畫上比較多的線條。憑藉這些細線，可以加強角色的扎實及厚重感。這次為了強調粗獷的男性特質，畫了多條狂野、急促的線條。

7 臉部畫上線條

臉部的描線會對外觀產生巨大影響，務必先確認插圖等各種資料後再慎重進行。首先在鼻樑上輕輕畫出線條，然後在鼻孔附近用細線畫出陰影。若畫出連接眉頭與鼻樑的陰影，五官看起來會更為深邃，加強角色的男子氣概。熟悉前只要慢慢加上線條就好，不必一次畫好。

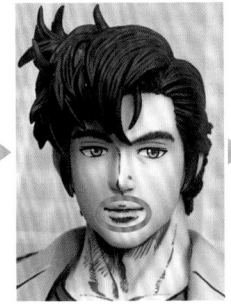
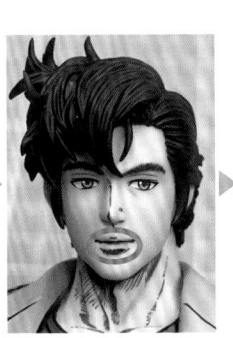

這裡我稍微提高嘴角，試著做出溫柔微笑的表情。

8 夾克的皺褶畫上線條

觀察陰影如何產生，並試著表現
出夾克皺褶的立體感。

在凹處描線

為了突顯皺褶的凹凸起
伏，要在凹進去的地方畫
上線條。改變粗細及長短
可以畫出不同特色，表現
自己的原創性。

首先在手肘附近的皺褶畫上線條。因為有時候若所有皺
褶都畫上線條反而會變得很雜亂，所以省略一些線條或
讓線條斷斷續續也沒問題。腋下及腰部的皺褶或陰影則
可以視情況塗滿。

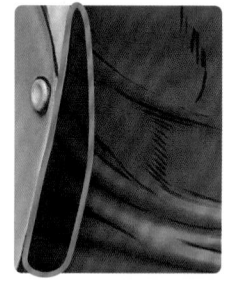

夾克的陰影部分

夾克與紅色T恤間會產生空隙，因
此將夾克的陰影部分塗黑，看起來
會更像插圖。不過因為是深凹進去
的部位，塗裝難易度也較高。

9 畫上強調體格的線條

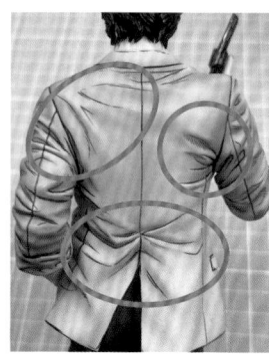

畫出紅色T恤被撐開的線條，表現胸
部的厚度。

盡可能細心描繪出因身體動作而產
生的衣服皺摺。

在紅色T恤上畫出
皺褶及胸腔下方的
陰影，以此強調胸
部的厚度與胸肌的
隆起。背部也同樣
要意識到健壯的背
闊肌，並畫上夾克
的皺褶。

10 褲子的皺褶畫上線條

乍看不起眼的線條，畫上去
也可能有意料外的效果。

關鍵在於大腿根部、屁股下半部、小腿及膝窩等部位的皺
褶要仔細畫上去。若衣服上有縫合線，若能畫出從縫合線
延伸出來的小皺褶，看起來會更帥氣有型。

11 頭髮畫上線條

若為完全黑髮的角色，那麼描線可能也不太明顯，不過這次頭髮
不是完全黑色，所以要描線。髮際或分髮線是容易產生陰影的部
位，線條畫多一點也沒關係。畫細線時改用細的畫筆吧。

Before

描線是能直覺表現出二次元感的重要技巧。從各個角度看完成後的人物模型，會有一種彷彿圖畫正在動的錯覺。雖然畫得愈仔細難易度就愈高，但若只是描邊緣或凹槽，就不用思考太多，直接畫上去也沒關係。一邊觀察整體的平衡感，一邊漸漸增加描線的部位，應該就能掌握到描線的手感。

After

Q.1 ‖ 畫不出想要的線

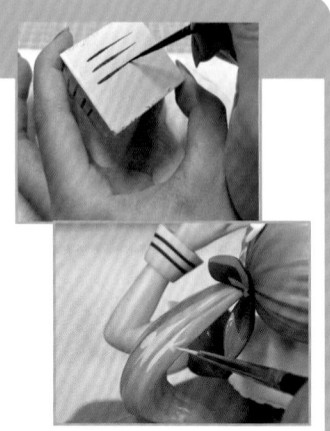

ANSWER：做好手的支撐軸

線條畫歪或畫得比想像粗時，就要做好手的支撐軸，保持畫筆的穩定（請參照P032）。支撐軸有2個，其一是手前端部分的支撐軸（手部支撐軸），另一個則是拿著模型那手的支撐軸（握持支撐軸）。想做出手部支撐軸，就要將筆那手的手腕或是小指放在模型上保持畫筆穩定；而要做出握持支撐軸，就要把手臂或手肘放在桌面或椅子扶手上。此外，筆毛有沒有順好也是關鍵。沾取塗料後，一邊將筆毛順尖一邊擠掉多餘塗料，這樣更有助於描繪細線或輪廓線。

Q.2 ‖ 顏色塗出去

ANSWER：重新疊上塗在下方的塗料

顏色塗出形狀的邊界了，或是塗成奇怪的形狀了，像這種時候就以加法的思維來修正顏色；換句話說，就是用原本塗在下方的顏色將塗出去的顏色蓋掉就好。在人物模型的重塗中，若想使用類似橡皮擦的工具來擦掉、修正顏色，反而會有擦得一塌糊塗的風險。
另外還有乾脆改變原本想塗的形狀這種修復方法。正因為重塗很自由，才連失敗都能轉化為成功的契機。

Q.3 ‖ 塗料噴濺出去了

ANSWER：在乾燥前用溶劑擦掉

塗料不小心噴濺到其他地方時，可以立刻用棉花棒吸取溶劑，抵在想擦拭的部位，並將塗料輕輕擦掉。棉花棒髒了就換新，直到將塗料擦乾淨為止。如果連原本的塗料都一起擦掉了，那就再次塗上相同的顏色來修正，又或是也可以用較大的棉花棒，吸取溶劑後輕輕撫平周圍。如果擦取速度夠快，盡早將塗料給擦掉，或許就不需用塗料來進行修正。用棉花棒沾取溶劑擦拭後，模型上可能會殘留一些細小的纖維，因此擦拭後要確認是否有纖維殘留在上面。

Q.4 ｜ 沾上筆毛或灰塵

ANSWER：用鑷子夾掉

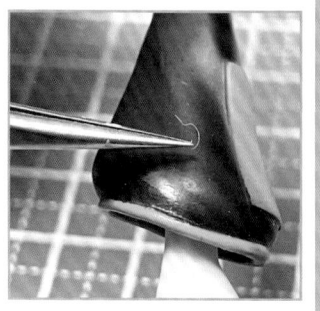

塗裝時筆毛脫落，沾黏在模型表面是很常見的事。如果發現有細小髒汙沾在模型上面，就立刻在塗料凝固前取下吧。如果筆毛沒有整根都黏在上面，那麼可以用拔毛夾或鑷子夾掉，而若是筆毛完全黏在上面了，可以先用牙籤等尖銳物品輕輕摳，將一部分摳起來後再用鑷子夾掉。要是想預防這種情況，可以在畫筆沾取塗料前用指腹輕摸畫筆，檢查是否有已經脫落的筆毛埋在畫筆裡面。由於塗料凝固後才想取掉髒東西是非常麻煩的事，還請在作業時就多加留意。

Q.5 ｜ 跟想像的不同，想要全部重來

ANSWER：乾脆完成到最後

感覺塗的顏色不對、陰影想塗得更暗、塗上去才發現跟想像中不一樣等等，在二次元彩繪的過程中想要換顏色是家常便飯的事。這是大家都曾經歷過的心境，各位不需要為此感到不安。
若已經塗到不知道該怎麼重來的階段時，乾脆下定決心，直接完成到最後也是一種方法。即使塗裝時覺得不太對勁，但做到最後意外發現還不錯也是常有的事。如果已經做好全部重來的覺悟，那就用疊層上色的方法來改變顏色。不過要注意的是如果疊了太多層，漆膜也會變得愈來愈厚，塗裝時應盡可能避免這種狀況。

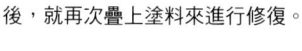
全部塗好後感覺還不錯！

Q.6 ｜ 不小心刮傷塗料

ANSWER：乾燥前用畫筆輕輕抹過來修復

發現塗料刮傷後要盡快用相同顏色的塗料，以輕輕抹平的方式將刮傷處塗起來。範圍不要塗太大，針對刮傷處修復就好。如果塗料不小心塗歪或塗太厚，可以用畫筆沾取溶劑並適度擠掉，然後輕撫歪掉而隆起的塗料部分，將塗料溶解到平滑至一定程度後，就再次疊上塗料來進行修復。

「花之慶次　極 stutue vol.1
前田慶次　插圖色
173 個限量版」
/ Jamil

©隆慶一郎・原哲夫・麻生未央／コアミックス 1990

MAman's Voice

徹底呈現慶次本色！
描繪出鮮豔的色彩與陰
影，試著表現原哲夫老師
那充滿男子氣概的筆觸。

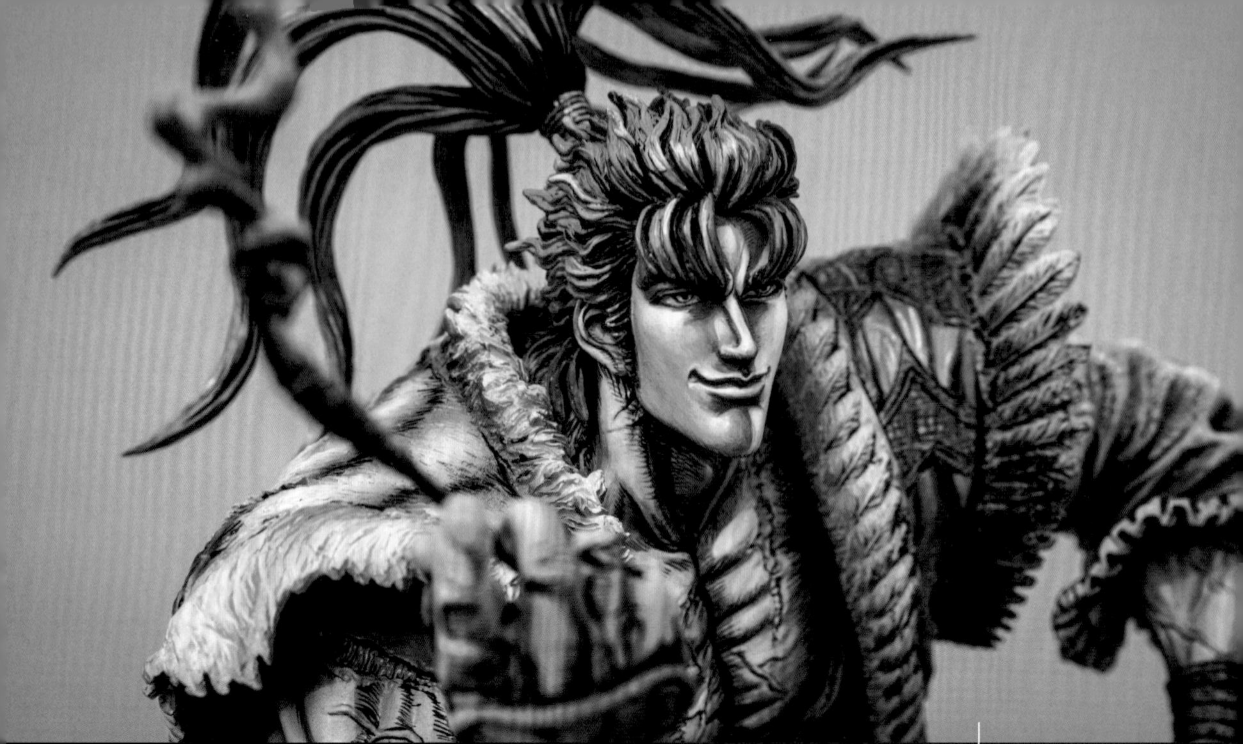

MAman's Voice

追求描線的效果

藉由大膽的描線表現出劇畫風格的筆觸。也是這個作品讓我領悟到描線的魅力。

MAman's Voice

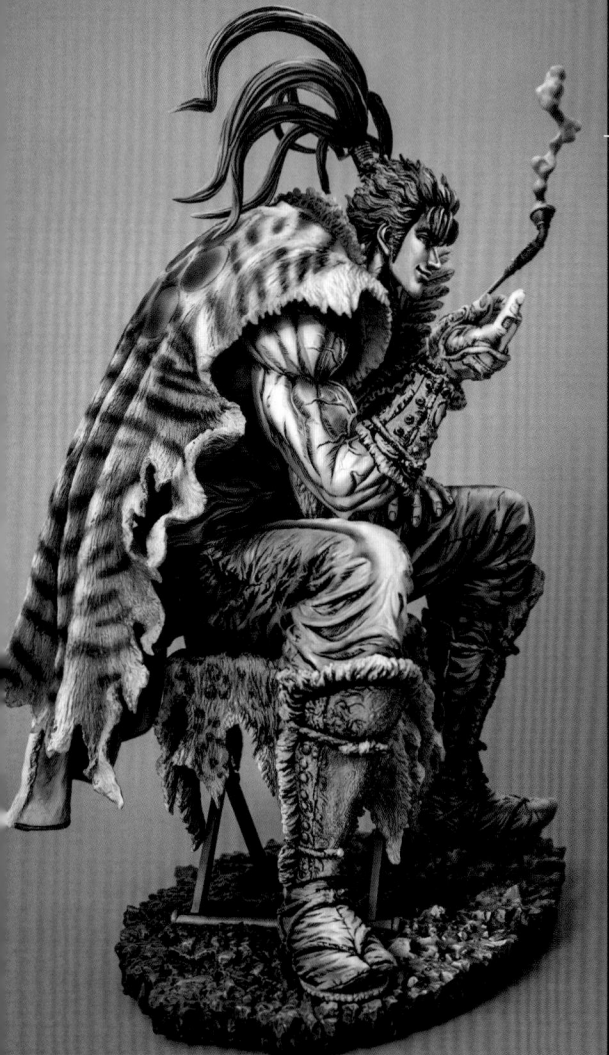

強調優美的立體形狀

模型原本的立體形狀已經相當優美了，所以我透過色彩及顯色方式來襯托這點。資料也確認了好幾次。

MAman's Voice

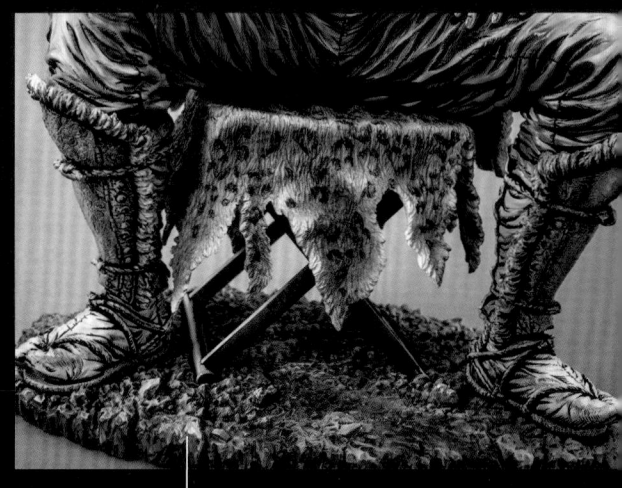

粗獷的筆觸也別有一番風味

刻意豪邁地塗出筆觸的粗糙感以符合作品的世界觀。

CHAPTER 3

動畫風塗裝 中級篇

結合初級篇所學到的各項技巧，
便能一口氣拓展更多元的表現手法。
本章將解說具體的方法，
了解如何塗裝呈現最好的效果。

接下來將以初級篇所介紹的技巧為基礎，進一步學習複合式的表現手法。只要透過1個模型，就能了解到不同技巧所呈現出的各種效果。從描繪高光的方法中了解到陰影的畫法，並進一步學到增加高光與陰影顏色數量的方法，最後再以描線完成整個作品。在熟悉結合以上這些技巧的塗裝手法後，就能開始創作出帶有自己特色的原創作品。

使用的人物模型是這個

POP UP PARADE 白上吹雪

白上吹雪為超人氣虛擬YouTuber團體hololive的一員。白髮、獸耳及毛茸茸的尾巴是最有魅力的特色。由於頭髮、衣服等大半面積都由無彩色的白、黑2色所統合，比較容易描繪陰影或高光等顏色，因此選為這次的教材。能夠漂亮呈現出這次技巧的精緻造型也是讓我選擇這個模型的主因之一。

START!!

STEP

1　臉部周圍畫上陰影

依照瀏海的形狀，在額頭畫上陰影。

可以試著為模型打光，變亮的部位是高光，變暗的部位則是陰影。這次將光源設定在從塗裝者看過去右上方的位置，並先從臉部周圍的頭髮陰影開始畫起。為方便塗裝，瀏海的零件要事先拆下來（請參照P026）。

雖然塗裝時可能會有奇怪的感覺，但將拆解後的頭髮裝回去後看起來會意外地自然，所以不用太過擔心。在塗裝的當下可以等每次塗料乾燥後就將瀏海裝回去，在描繪的同時反覆確認陰影的位置。

POINT!

準備陰影用塗料的方法

雖然高光只要在基本色中調入白色就能輕鬆做出高光用的塗料，但陰影用的塗料（請參照P025）則需要多加注意；因為在基本色加入黑色會使塗料變得混濁，所以從市售的塗料中選用適當的顏色是比較保險的做法。

STEP
2 上半身的肌膚畫上陰影

在這次的作品中，肌膚不會畫上高光而只畫上陰影，因此基本色就是肌膚上最明亮的顏色。
由於光源設定在塗裝者看過去的右上方，所以模型的左肩及左胸等部位保留原本的顏色，而
胸口及腋下等凹進去的地方則塗上陰影。擺出狐狸手勢的手也別忘了畫上陰影。

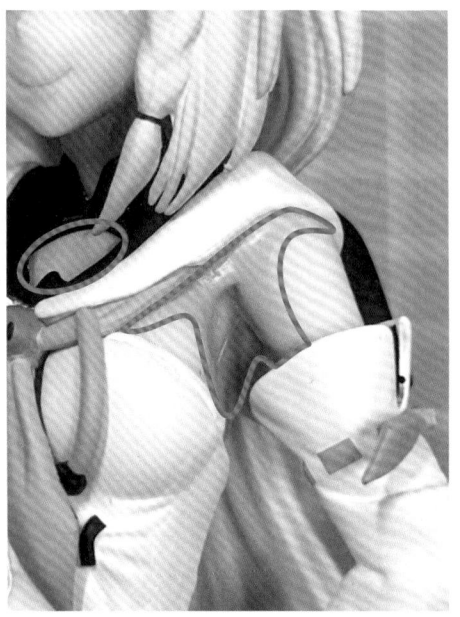

先勾勒好陰影部分的輪廓線，再將輪廓線內塗滿。

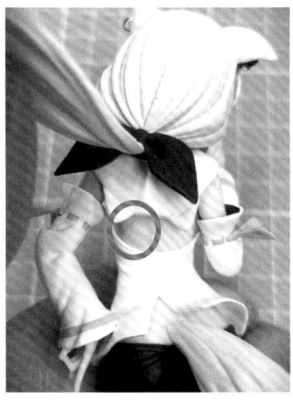

背部有頭髮的影子，幾乎整個面
都要畫上陰影。尾巴或腹部因為
是光照最亮的地方，所以保留原
本的顏色。衣服覆蓋在肌膚上的
陰影要意識到女性身體的圓潤線
條，再決定要塗的形狀。

— POINT! —

表現女性感的塗法

銳利的陰影雖然可以表現出明顯的二次元
感，不過女性人物模型會比較建議塗成圓
滑平緩的曲線。若能意識到圓弧感，便能
呈現女性造型的柔軟，突顯女性氣質。

3 左腳肌膚畫上陰影

因為光會從各種角度照到模型，所以若對陰影的畫法感到猶豫，可以直接將模型上實際照到的光與影當成範本來畫。塗裝時不要過於執著光源，也應該要仔細觀察模型上的真實陰影。重新參考收集來的資料及照片並推敲陰影位置也是很有效的做法。

首先要仔細觀察模型各部位的形狀，並決定什麼地方要畫上陰影。

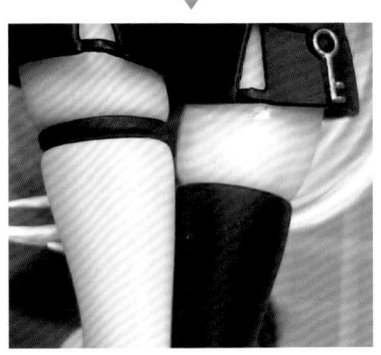

以這個模型來說，從正面照到光，這個稍微彎曲腳的姿勢看起來會最漂亮，因此接近光源的大腿正面要保留原色，周圍則畫上陰影。決定好陰影位置後就畫上輪廓線。

從左腳短褲與過膝襪間面積最小的絕對領域開始塗上陰影。由於背面幾乎都是陰影，所以只保留正面，其他部位都塗滿陰影。

從側面看，可以清楚知道幾乎都塗成了陰影。由於這個部位在造型上也容易產生頭髮、手臂及短褲的陰影，因此保留不畫上陰影的部分壓在3成左右，剩下全塗成陰影也沒問題。

STEP
4　右腳肌膚
　　畫上陰影

因右腳是稍微抬起的姿勢,所以右腳除
了大腿正面,小腿肚也是會被光照到的
部位。在決定好當作高光而保留的部位
後,就一邊想像完成後的模樣,一邊畫
上大致的輪廓線。由於最後都要塗滿,
所以線條有些不整齊也不用太在意。

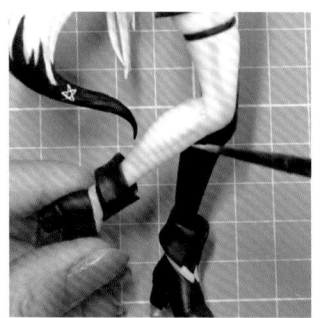

為方便塗裝,可以一邊畫一邊轉動模型。

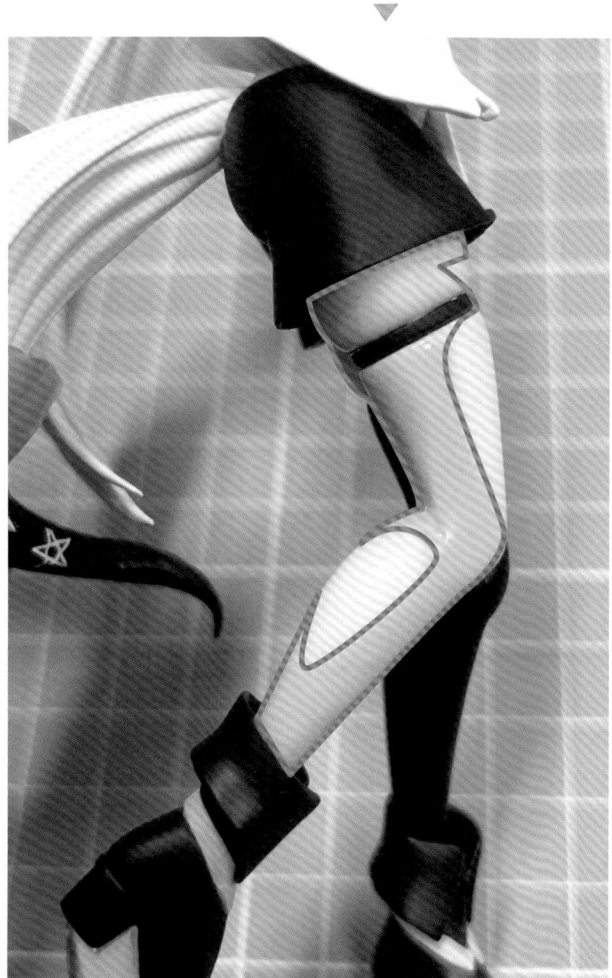

吊襪帶周圍不要畫上直線般的陰影,而
是朝著吊襪帶畫出圓弧,這樣就能表現
出肌膚的柔嫩質感。若形狀複雜細微的
地方很難畫,那就分割成可以一次塗滿
的區塊以及必須細細下筆的區塊,多分
成幾次來塗裝。

── POINT! ──

留意造型上的小細節

若能意識到吊襪帶的咬肉,並在
肌膚與吊襪帶的接觸面上畫出陰
影,便能強調大腿的肉感。像這
樣刻劃一些造型上的小細節,可
以加強整體的質感,提升作品的
完成度。

在二次元彩繪的基礎中，相對於主要顏色（基本色），照到光的部分會畫上高光，
而照不到光的部分則畫成陰影。而將這高光與陰影進一步細分成多個顏色的做法，
就是所謂的增加色數。以下將介紹增加色數的步驟。

塗上多種顏色時，原則上先從面積最大的顏
色開始塗起。

先試著增加短褲、過膝
襪、吊襪帶、鞋子等黑
色部分的顏色數量。將
基本色設定為最暗的顏
色，然後加上高光❶與
高光❷。

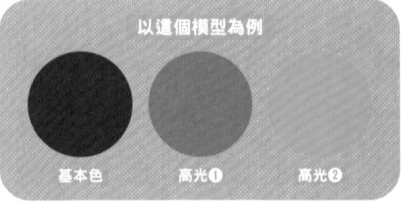

以這個模型為例

基本色　　　高光❶　　　高光❷

高光 ❶

高光❶可以沿著大腿
的線條畫上去，像短
褲右邊下襬的高光形
狀就很明顯。背部則
要意識到屁股的飽滿
感以及頭髮、尾巴的
影子，再決定高光的
形狀。

高光 ❶

過膝襪、吊襪帶、鞋子等剩下的部位也畫上
高光❶。在畫下半身的肌膚時因為將光源設
定在正面，所以也要以相同條件來畫這些部
位照到光的地方。

畫完高光❶後，接著畫上更亮一級的高
光❷。此處的重點在於不要一整個面都
塗上高光，而是只在銳角或形狀上的頂
點畫上線條。這麼做可以簡單又漂亮地
表現出高光的效果。

高光 ❷

POINT!

畫上高光❷的注意點
如果將明亮的高光❷畫成細長的線條，看
起來可能會像是骨頭。這種時候只要在重
點部位畫上短短一節就很充分了。

白色衣服畫上陰影❶

為了增加白色衣服的顏色數量，要將基本色設定為最明亮的顏色，並畫出陰影❶及陰影❷。一開始先從比較明亮的陰影❶畫起。畫上半身肌膚時的光源在塗裝者看過去的右上方，因此畫白色衣服時光源也要設定在同一位置，並考量到蝴蝶結的重量、衣服的皺褶與身體的動作。

※顏色範本請參照下一頁

仔細觀察模型各部位的形狀並畫上陰影。

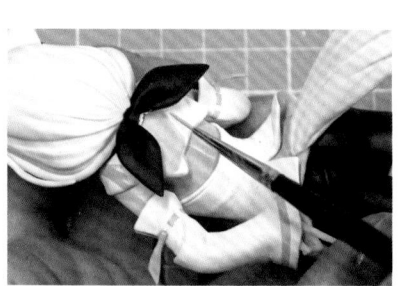

塗裝的時候，輕輕抬起蝴蝶結會更好畫。

開始塗裝前最好先想像該怎麼畫比較好。畫凹處或深處時，雖然不用拆解也可以將阻礙到塗裝的部位拉開或抬起來，但這麼做可能會導致已經塗好的部分嚴重變形，使漆膜裂開，要多加小心。此外，若是擔心畫筆伸不進去，也可以在塗裝前就先拆解好。

POINT!

以只用陰影❶也能完成
塗裝的感覺來畫

塗裝時要記住，佔有最大面積的陰影❶是陰影表現中的主角，就算沒有陰影❷也能完成陰影的塗裝。

先從手臂的陰影部分等深
藏裡面的部位開始畫。

STEP 7　白色衣服畫上陰影❷

畫完陰影❶之後,接著畫上更暗一階的陰影❷。
重點在於陰影❷要畫在影子感覺特別深的部位。
不要畫出曖昧模糊的線條,而是畫出清楚的分界
線。畫到這個步驟後,就能看出整個模型的資訊
量隨著高光與陰影的描繪大幅增加了。

以這個模型為例

基本色　　陰影❶　　陰影❷

蝴蝶結下方或胸口下方等衣服的皺褶畫
上陰影❷,藉此強調胸部的隆起與柔軟
感,以及衣服飄動起來的樣子。描繪袖
子部分的陰影時,則要意識到手臂的纖
細與形狀。

注意腰身與臀部的隆起並畫上
陰影❷。

背部沿著手臂下方到後背畫上
陰影❷,便能表現出腰身與弓
背的漂亮曲線。帽兜部分可以
沿著頭髮或背後的蝴蝶結形狀
來畫上陰影。

STEP 8 頭髮與尾巴
畫上陰影❷

接下來開始在頭髮與尾巴，對著原來的基本色
畫上陰影❷。雖然基本色與上半身的衣服同樣
都是白色，但設定在頭髮及尾巴的陰影為了對
應眼睛的顏色，我試著採用了稍微帶有綠色的
顏色。

※顏色範本請參照下一頁

順著毛髮的流向運筆描繪就能畫出漂
亮的陰影。

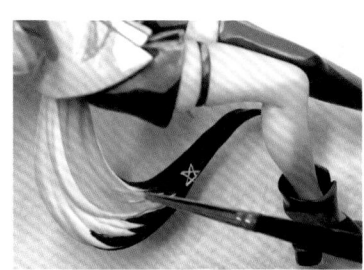

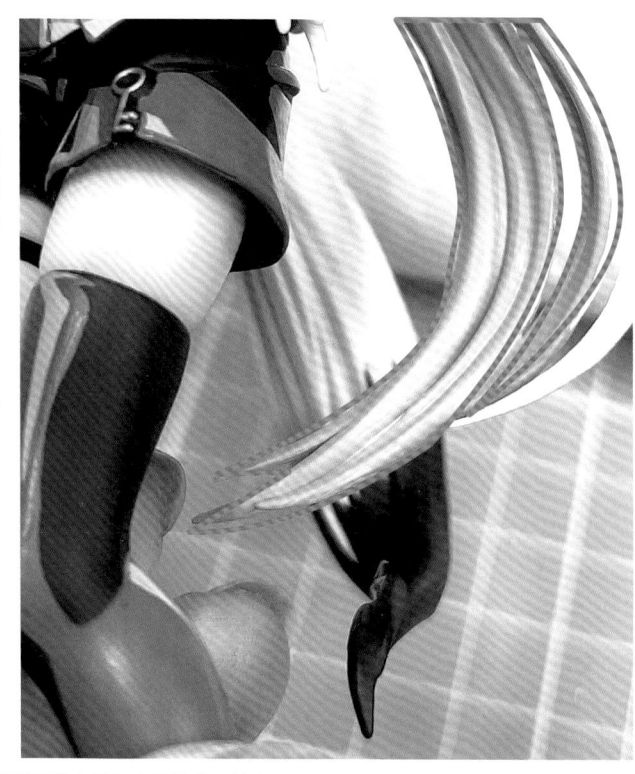

從形狀凹進去的部分開始畫，並盡量
不要碰到已經畫好的部位。

將平常看不見的地方也仔細上色，
提升完成度。

光幾乎照不到的頭髮內側也畫上陰影
❷。後腦勺或頸部的頭髮就算塗滿也
沒問題。由於這些深處很難塗裝，所
以可以再次將瀏海與側髮拆解下來，
畫好後再裝回去。

──── **POINT!** ────

若想塗出更強的立體感？

基本上將頭髮內側都塗滿最暗
的陰影❷，或是不將髮尾上
色，稍微保留原來的顏色都可
以。將顏色細分可以增加資訊
量，同時也加強立體感。

059

頭髮表面畫上陰影❶。重點在於光會照在頭頂以及飄揚的頭髮上最蓬鬆的部分，而這次因為基本色是最亮的顏色，所以這些光照到的部分就不畫上陰影，保留原來的顏色即可。畫完陰影❶之後，在更暗的地方畫上陰影❷。

陰影❶中顏色又特別深的地方就畫上陰影❷。由於頭髮及尾巴的基本色是略顯黯淡的白色，因此也可以塗上白色塗料，提高基本色的色調。

POINT!

意識到毛髮的流向

若沿著原本的造型上已經做好的毛髮流向來畫，就能畫出漂亮的陰影。輕柔地運筆是描繪毛髮陰影時的要訣。

這是畫上陰影前的後腦勺。由於原本的造型已經表現出頭髮的流向，所以要留意這些流向畫上陰影。塗裝前先想像要畫出什麼形狀的陰影也是很重要的。

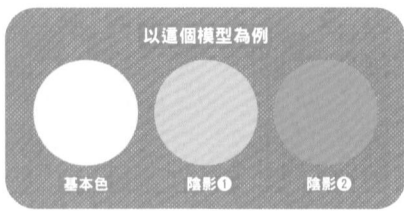

陰影❶

畫完陰影❶的狀態。獸耳的陰影也要畫上去。頭髮及尾巴不是塗滿整個面那樣，而是仔細畫出多個線條，這樣才能順利表現出毛髮的質感。

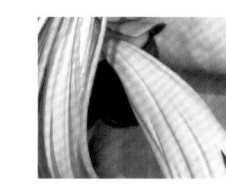

陰影❶

尾巴根部畫上較多陰影，可以想像頭髮的陰影落在尾巴上的感覺。

完成背部後，瀏海及側髮也以同樣方式畫上陰影；想像頭頂照到光的模樣，並依序畫出陰影❶及陰影❷。另外也要細心留意頭髮流向、呆毛、髮辮、獸耳等各部位的細緻形狀再畫上陰影。

STEP
10 藍色領巾畫上
陰影與高光

接下來塗裝胸口與袖子的藍色領巾與緞帶。這裡同樣將原本的顏色當作基本色，並畫上陰影與高光。一開始先畫陰影，由於上半身光源在塗裝者看過去的右上方，因此領巾的陰影多在左側。像這樣在左右其中一邊集中畫上陰影，可以加強模型的二次元感。

陰影

▼ 一邊觀察模型的整體感，一邊畫上陰影。

以這個模型為例

基本色　　陰影　　高光

▼
▼
▼

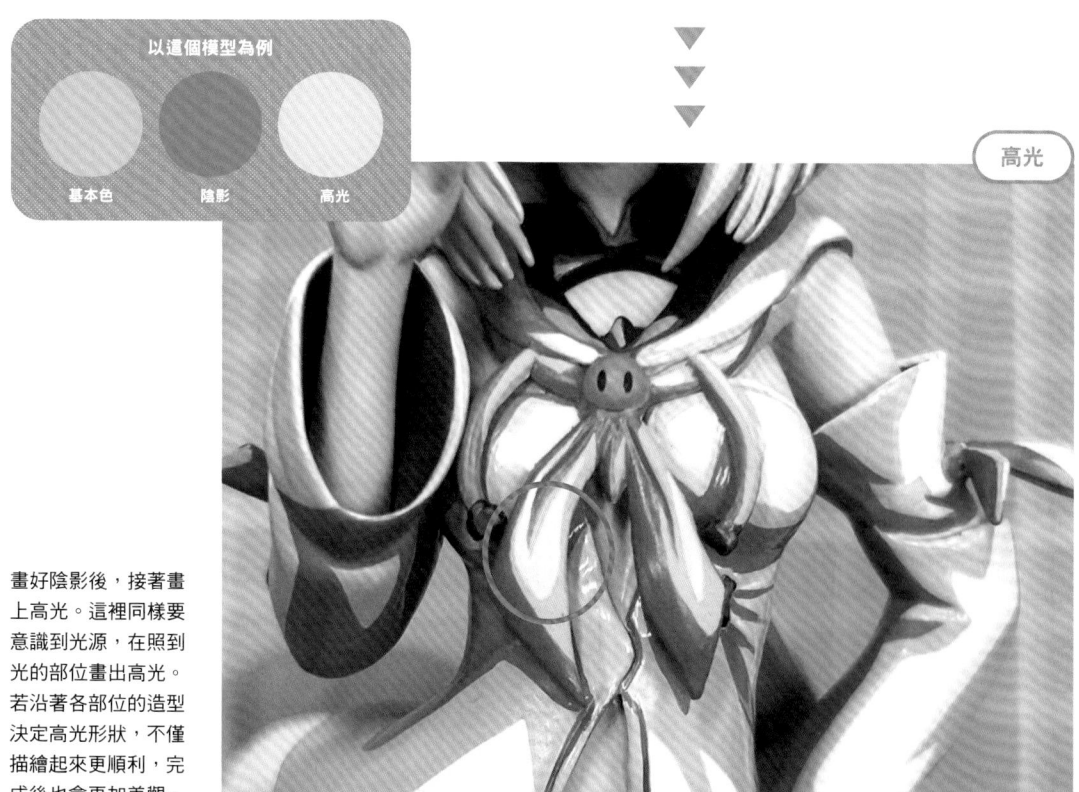

高光

畫好陰影後，接著畫上高光。這裡同樣要意識到光源，在照到光的部位畫出高光。若沿著各部位的造型決定高光形狀，不僅描繪起來更順利，完成後也會更加美觀。

11 描線

藉由描線，可以讓立體的人物模型呈現出如同二次元插圖般的質感。這次選擇運用在描線
（請參照P042）一節中所解說的勾勒形狀輪廓及描繪皺褶的手法。描線的量可隨喜好調
整，希望大家能找到自己喜歡的樣式。

POINT!

選擇要畫的線

這次刻意只描部分線條，沒有描出所
有的線。跟P045完成描線的作品照
片相比較，應該就能發現這次的作品
給人更為柔和的印象。

在瀏海、側髮及獸耳描線。頭頂翹起來的呆
毛及迷人的獸耳都能透過描線強調存在感。
右手的狐狸手勢則因描線而更為清楚分明。
此外，還能隨自己喜好在嘴巴、鼻子或肚臍
等地方描線。而且用琺瑯漆描線可以輕鬆擦
掉，很適合用來做實驗。

後方綁成一束的頭髮在經
過部分描線後，優美地呈
現出了輕盈飄散的質感。

畫上藍色領巾及白色衣服的邊緣輪廓線，手肘與手
腕部分的皺褶也經過了描線。雖然上半身在增加色
數的時候已經是大幅增加資訊量的部位了，不過強
調輪廓線能更進一步加強模型的二次元感。

Before

這次的作品結合了初級篇學到的高光、改變顏色、描線3種技巧，可以看出不僅表現手法變得更多元，作品的完成度也有了長足的進步。雖然感覺畫出來的細節愈多，模型就愈加閃亮，但其實只要改變高光與陰影的畫法、調整描線的量，都能畫出完全不同的質感。希望大家能依據自己想畫出來的感覺決定好明確的目標，再下筆進行挑戰。

After

After

下半身的重點在於短褲、過膝襪與鞋子的畫法。若能清楚畫出基本色、高光❶、高光❷不同顏色彼此之間的明度差異，便能強調模型的光澤感。分界線畫得分明俐落，也能突顯出動畫特有的質感。

由於人物模型是立體的，可以從360度各個角度來鑑賞，因此為了避免從背後觀看時只有陰影，最好還要再設置副光源（請參照P076）。舉例來說如右邊照片所示，是從照片前方（模型的後方）也打上了光。

可以注意落在臉部的瀏海陰影及右手、左臂等露出肌膚的部分。雖然這些地方由模型原先的基本色與陰影這2種顏色構成，但立體感比塗裝前更為強烈。畫在手或腋下的細微線條也展露了效果。雖然這次將描線控制在必要的最小限度內，不過改變粗細、長度與數量還能進一步提升立體感。

通常市面上的人物模型都已經漆成漂亮的彩色了,不過若重塗成黑白色調,便可以表現出宛如漫畫的質感,塗裝的感覺也像是用黑白色畫漫畫。在頭髮上保留光澤的「光澤畫法」,或是強調健康身材的身體線條等,雖然只用到黑白色,但也能做出相當多樣的表現。

使用的人物模型是這個

ARTFX J 拉姆

這裡我選用高橋留美子經典作品《她來自煩星》的拉姆。這款模型作品細節精緻,綠髮與虎紋服裝就算塗成黑白色調也相當漂亮,表情與姿態也很符合漫畫般的表現。

START!!

STEP 1 準備塗料

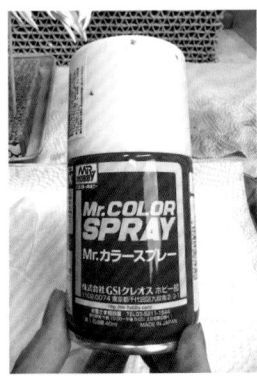

想要為人物模型重置顏色,使用噴罐、噴筆及底漆(請參照 P098)可以迅速又漂亮地為模型上色,或是準備白、黑、灰色的塗料。

STEP 2 進行遮蓋

 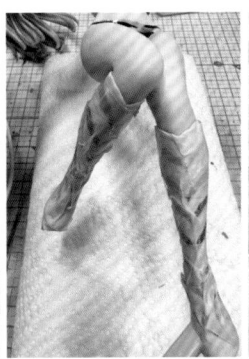 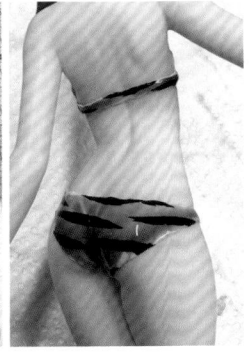

POINT!

選擇遮蓋工具的方法

因為只要不會沾到塗料就好,所以選擇自己覺得好用或順手的工具即可。也可以視部位選擇適當類型,如大面積用遮蓋膠帶,複雜曲面用遮蓋液等。

遮蓋膠帶

遮蓋液

萬用黏土膠

塗裝前將眼睛、服裝及長靴進行遮蓋,以免沾附到塗料。這次我在眼睛上使用黏土膠、衣服使用遮蓋液、長靴則使用遮蓋膠帶。黏土膠是種跟黏土一樣可以自由捏塑變形,能反覆黏貼的接著劑。虎紋部分包含黑色條紋都要一起遮住。頭髮與瀏海要先從本體上拆下來(請參照 P026),且拆解後的各個零件要裝在噴漆夾上以免丟失。

STEP
3 整個模型塗成白色

底座要當成裝飾保留原樣，所以要先將底座拆下來再進行作業。這次使用的顏色較少，為避免底層的顏色造成上層顯色不均的問題，要先將整個模型重置顏色，連同頭髮也一起塗裝成白色。

STEP
4 撕下眼睛的黏土膠

待塗上去的白色乾燥後，就將用來遮蓋眼睛的黏土膠撕下來。如果在意交界處的線條歪七扭八，可以用白色或黑色稍微修正輪廓。睫毛或雙眼皮等線條不用遮蓋，可以在這個階段畫上去就好。

/ ── POINT! ──

先將原本的狀態拍下來

描繪眼睛及周圍線條時，最好一邊畫一邊確認原本的狀態。開始塗裝前先拍下照片保存較安心。

STEP
5 塗裝長靴的虎紋

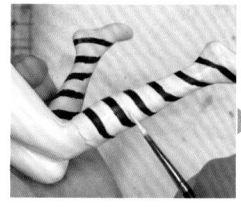 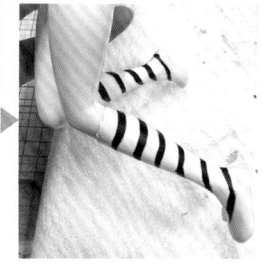

如果下層的顏色會透出來，那就多塗幾次。

撕下長靴的遮蓋膠帶，將黃色部分塗白。黑色部分雖然可以保留原樣，不過這次我將黑色塗得更深一點。除了可以隨喜好改變條紋之間的寬度，也能修整雜亂的交界線。

STEP
6 塗裝衣服的虎紋

保留黑色部分並將黃色部分塗白。

撕下衣服的遮蓋液，將黃色部分塗白。撕下遮蓋液時盡量用鑷子，可以一片片地撕下來。塗白後，也能隨喜好將黑色部分塗深一點。

STEP
7 塗裝頭髮的深處及內側

沿著頭髮的流向運筆會更好看。

內側 外側

 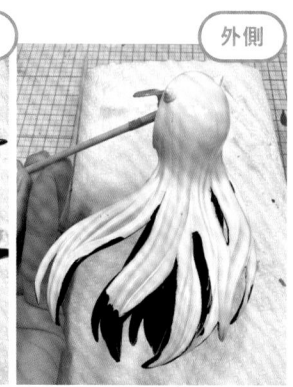

先從畫筆難以伸進去的深處開始塗黑。完成後翻過來，將內側塗滿黑色。由於面積頗大，所以要分成幾塊個別塗黑，這麼一來即使是塗裝大面積也能將顏色不均的情況控制在最小限度。

8 塗裝頭髮外側及瀏海

用灰色塗料將白色部分
全部塗滿。 ▶

這裡使用灰色塗料，跟頭髮內
側相同，可分成幾個區塊將白
色部分塗滿灰色。沿著頭髮流
向畫就能畫出漂亮的顏色，此
外像這種大面積的塗裝也能使
用噴筆或噴罐來完成。

STEP

9 頭髮畫上陰影

先畫出陰影部分的輪廓線
再將裡面塗滿。

瀏海、後髮都用黑色畫上陰影。如果對陰影的位置感到
猶豫，就打光參考實際產生的影子，或是將許多資料
（插圖）當成範本來畫也沒問題。這次我一邊嘗試畫出
在拉姆的作畫中常見到的特色，並同時表現出漫畫般的
頭髮光澤。

STEP

10 手及身體畫線

手、衣服的輪廓線、頸部、
側胸及乳溝、腋下、肚臍等
在漫畫中會畫上線條的部
位，要一邊觀察整體感一邊
謹慎地畫上線條。嘴巴的深
處畫上深灰色，舌頭周圍則
畫上明亮的淺灰色。

在塗裝狹小部位時，要更加留
意手的支撐軸是否穩固。

乳溝畫上線條更能強調身材。

注意手的線條要是畫過頭會失去
美少女感。

背部、手指及指甲、眉毛及嘴邊等處也畫上線條。線的長度、
粗細、數量只要稍有差異就會給人不同的印象，因此選用修正
方便的琺瑯漆來畫吧。琺瑯漆即使乾燥了也能擦乾淨，能夠隨
時視情況安心地進行微調。

POINT!

別忘了塗得開心

我試著畫了原本模型上沒有
的星星。能夠像這樣發揮玩
心也是重塗的一大樂趣！

Before

使用顏色數量本來就比較少的模型，只要憑藉顏色的深淺就能輕易做出清楚分明的效果，很適合塗成黑白色調。這次我保留了眼睛的藍色當作特色；正因為整體都是黑白色調，刻意留下的色彩才會看起來鮮豔而引人注目，統合了整個模型給人的印象。另外，雖然這次肌膚部分等大面積部位沒有畫上陰影，不過要用調整過明度的灰色畫上影子也沒問題。只要下點工夫，即使是黑白色調也能做出千變萬化的表現。

After

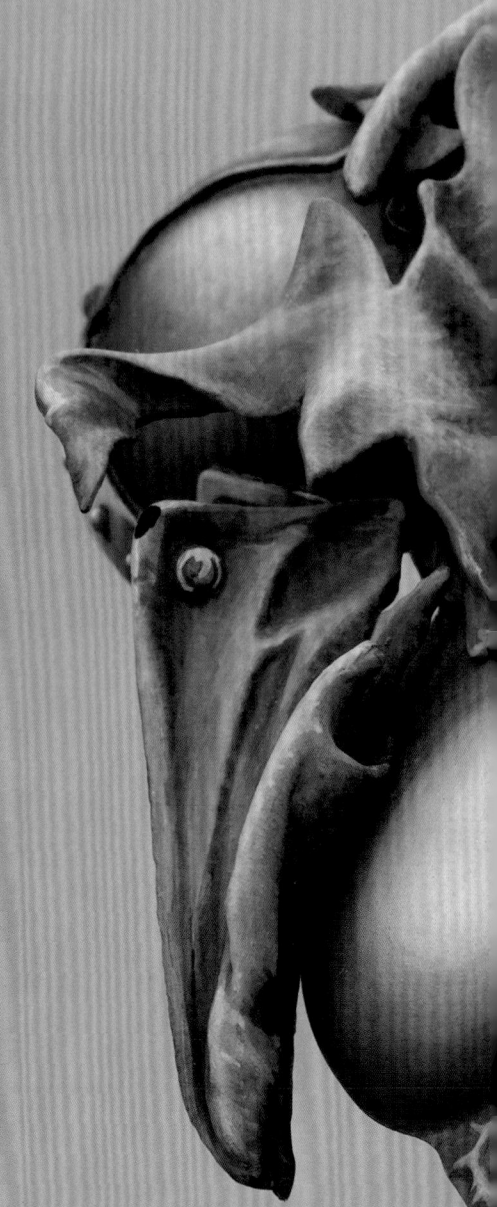

「北斗神拳　拳四郎　胸像」/海洋堂
© 武論尊・原哲夫／コアミックス 1983

MAman's Voice

筆塗表現的對比

注意平滑的肌膚與粗糙的衣
服！效果全然不同的2種筆塗
表現之間的對比是這個作品最
值得一見的地方。

MAman作品範例vol.4

「模型少女AWAKE 優紀・奇蹟少女Ver.」/Nuverse

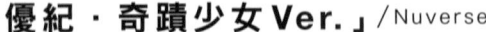

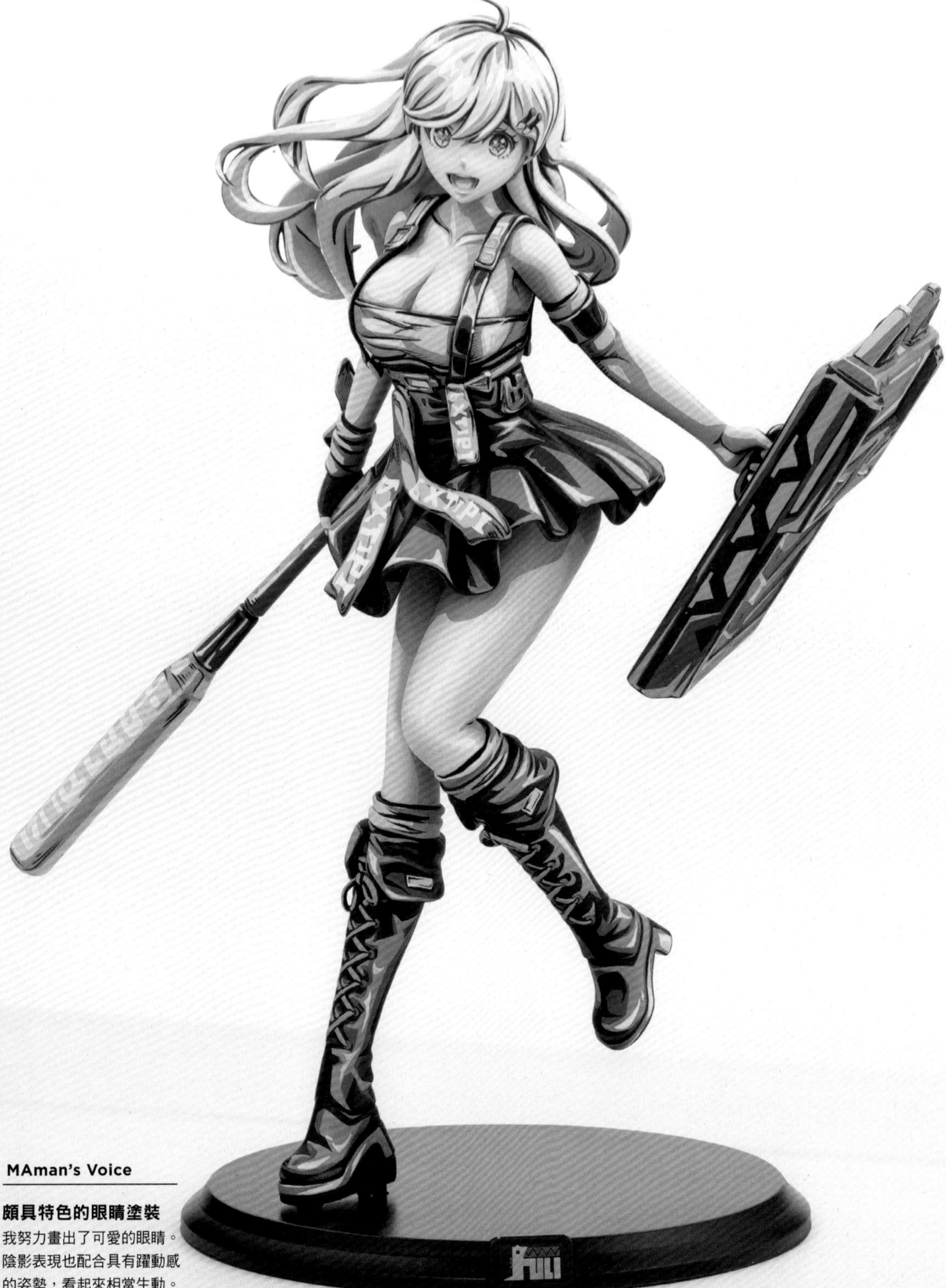

MAman's Voice

頗具特色的眼睛塗裝

我努力畫出了可愛的眼睛。陰影表現也配合具有躍動感的姿勢，看起來相當生動。

CHAPTER. 4

動畫風塗裝 高級篇

在高級篇中，
我們要學習在作品裡加入自己獨創性的方法。
還請試著挑戰能改變作品氣質的複雜畫法
以及更細緻的眼睛描繪吧。

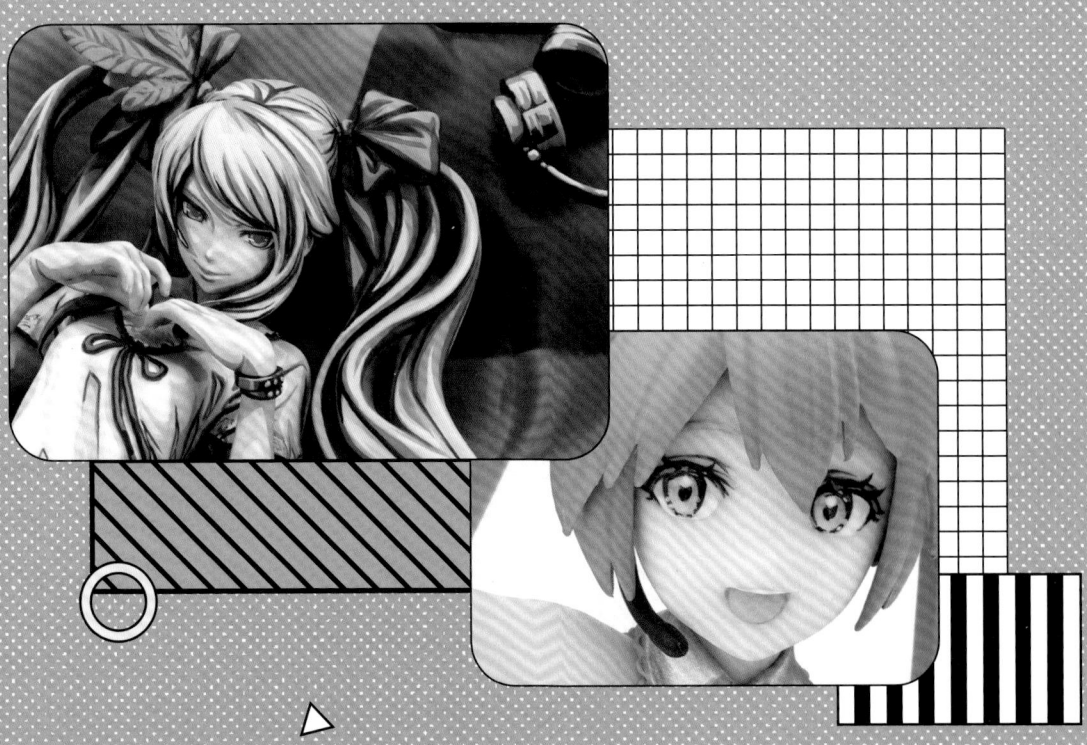

本章將會把中級篇所介紹描繪陰影、顏色、線條的技巧（請參照P052）進一步複雜化，實踐更進階的塗裝方法，藉此畫出更多元、更為細緻精美的表現。重塗完成後，模型從360度各個角度看起來都會更像二次元作品。雖然前面所學的塗裝技巧已能充分應對這次的內容，但基於色彩基礎知識（請參照P024）的塗料準備方法，以及如何決定塗裝範圍的方式仍然是重塗中的難關，還請各位在挑戰的同時掌握相關的訣竅。

START!!

使用的人物模型是這個

supercell feat. 初音未來　World is Mine
[棕色畫框]

《World is Mine》為supercell編寫、初音未來所歌唱的VOCALOID樂曲，這款人物模型則是其PV中的「公主殿下」初音未來。如何在模型原本華美的造型、冰山美人的氣質中透過重塗加入自己的作品特性並保持平衡，是打磨作品魅力時的一大關鍵。

STEP 1 分解頭髮

先將頭髮零件拆下來（請參照P026）以便進行塗裝。另外可以事前噴上消光保護漆（請參照P023）或透明底漆（請參照P098）；因為是透明漆，所以不僅可以一邊畫一邊確認原本的顏色，也能加強塗料的附著力，減少塗料剝落的風險。這次頭髮主要使用4種顏色，接下來就是畫上基本色、陰影❶、陰影❷以及高光。

STEP 2 畫上頭髮的基本色

與其勉強調色，建議可以直接選用市售的塗料。

這次試著配合角色形象，改變頭髮的基本色吧。塗料選擇的是市售的初音未來色（照片）。由於在之後的塗裝過程中會時不時放到畫框裡確認顏色狀態，因此先用保鮮膜把畫框包起來較安心。

POINT!

基本色、陰影、高光的組合類型

二次元彩繪的基本技巧，就是將一個顏色拆分成基本色、陰影及高光並進行塗裝。增加構成中的顏色數量就愈能塗出更細緻的表現，且分明的色彩還能強調二次元感。話雖如此，也不是單純塗上很多顏色就會變成好作品，觀察整體色彩的平衡感也是很重要的。

4色組合範例		5色組合範例
基本色	基本色	基本色
陰影❶	陰影❶	陰影❶
陰影❷	高光❶	陰影❷
高光❶	高光❷	高光❶
		高光❷

STEP

3 頭髮畫上陰影❶、陰影❷及高光

基本色塗裝完成後,一開始先畫上陰影❶,接著再畫上更暗的
陰影❷。完成陰影後,在基本色中特別明亮的位置畫上高光。
這次將主要光源設定在塗裝者看過來的右上方,並以此表現光
與影。

陰影❶

陰影❷

基本色乾燥後畫上陰影❶。由於之後還會畫
上更暗一階的陰影❷,所以陰影❶的面積要
畫大一點,以就算只有陰影❶也能完成塗
裝的感覺來描繪。

雙馬尾的內側、後腦勺的分髮線、雙馬尾的根部或擺放模型時屬於
身體下側的部分等等特別容易變暗的位置就畫上陰影❷。可以視情
況增加陰影❷的面積。

高光

完成陰影後就畫上高光。高光位置主要在模型的頂點部
分,或是會被右上方光源照到的部分。畫高光時盡量強調
雙馬尾平緩散開的優美曲線。

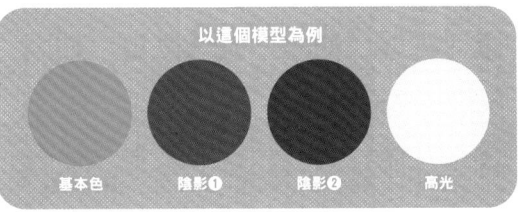

以這個模型為例

基本色　陰影❶　陰影❷　高光

看不見的部位也要
一定程度上色,才
能提升作品水準。

4 塗裝衣服

因為是白色的洋裝，所以此處不畫高光，而是改成3階段的陰影。以顏色組合來說就是基本色、陰影❶、陰影❷及陰影❸，其中基本色最亮，而從陰影❶、陰影❷到陰影❸逐層變暗。

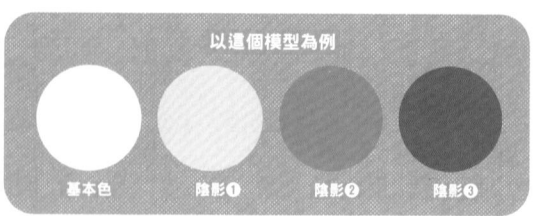

以這個模型為例

基本色　　　陰影❶　　　陰影❷　　　陰影❸

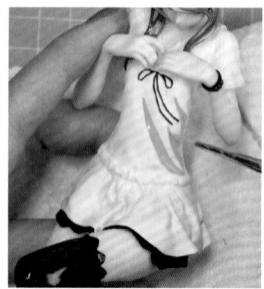

由於將陰影分成3色，所以陰影❶可以大膽塗到更大的面積上。

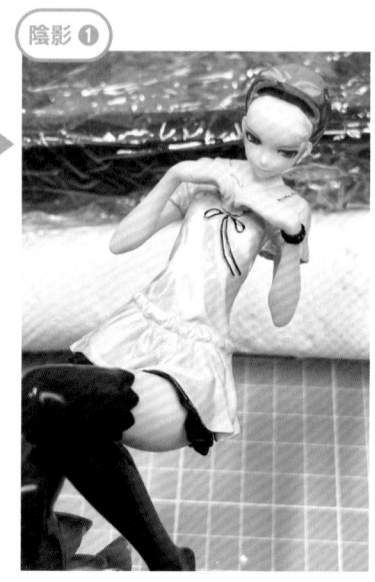

陰影❶

—POINT!—

增加光源

為了避免從某個角度觀看時陰影變得太多，最好再新增1個光源。通常會將主光源設置在正面，副光源設置在背後。

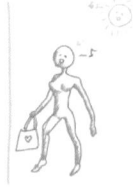

塗裝前先觀察整個模型的造型，並想像陰影大概會畫在哪些位置。完成準備後就先畫上陰影❶，並同時留意身體曲線、衣服皺摺及大腿的動作。

陰影❸

陰影❷

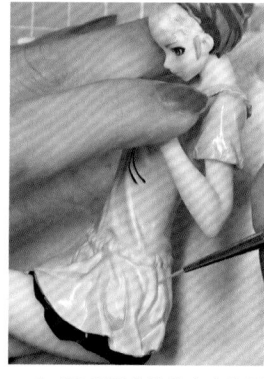

完成陰影❶後接著畫上陰影❷。以這個模型來說，由於背面緊貼著畫框，因此就算所有面積都塗上比較暗的陰影❷也沒問題。

衣服皺摺的深處，或是腰部、腋下等不容易照到光的部分，則畫上最暗的陰影❸。由於塗上一整個面的陰影❸會讓模型看起來很平扁，因此陰影❸要畫成細線或較小的面積。暗色系容易影響整體印象，要盡量小心、仔細地塗裝。

STEP

5　左大腿畫上陰影

這次要用5種顏色的塗料調出陰影及高光來當作肌膚的顏色。基本色從色調不同的3種顏色中選擇，再混入用來調整高光亮度的白色，或是用來調整陰影深度的深紅褐色。要先觀察腳、手臂、臉部等部位以及疊色後的顏色感，再著手準備塗料。

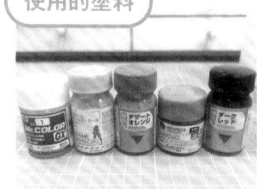
使用的塗料

先從大腿的陰影❶開始畫。前方看得到的右腳是基本色，後方的左腳則是整個塗上陰影顏色的狀態。整個大腿內側都是會產生陰影的部位，需要視情況塗滿。

盡量往一定方向輕輕畫，減少顏色不均的情況。

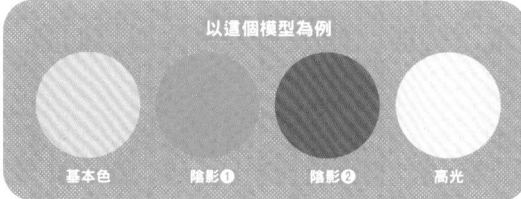
以這個模型為例

基本色　　陰影❶　　陰影❷　　高光

─── POINT! ───

挑戰能表達獨創性的調色方式！

「顏色」基本上由「紅、藍、黃」（＋白與黑）所構成。其實用來表現肌膚的顏色本身，也是經過調色而來的顏色。先從市售塗料中選擇接近印象的顏色，再根據色彩原則進行調色（請參照P024），比較能調出符合需求的色調。

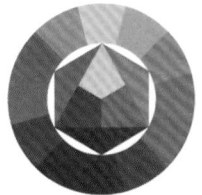

從側面觀看的狀態。大腿正面會照到光，因此保留了基本色。陰影要確實塗到大腿與裙子、過膝襪的交界處。

STEP
6 右大腿畫上陰影❶

使用的顏色與左大腿的陰影❶相同。順帶一提,雖然這次是用調色的方式,不過也可以直接從市售塗料裡選擇陰影顏色,特別是偏暗的顏色比較容易調整。將塗料原本的顏色當作陰影❷,加入白色就可以調成陰影❶了。建議可以多買幾種用來表現肌膚顏色的塗料,肯定有很多派上用場的機會。

注意若不等左腳乾燥後再畫,塗料可能會沾到手上。

由於這次保留大腿正面不塗,畫上其他部位的陰影可將輪廓線的外側給塗滿。一開始畫輪廓線時,範圍可先畫大一些,最後再做微調。

POINT!

調出漂亮顏色的訣竅

基本上調入愈多塗料,顏色就會變得愈混濁,因此我建議以2~3色為基準來調色(請參照P024)就好。明度、彩度都比較低的黑色或灰色比其他顏色更容易混濁,調色時必須多加注意。

一邊轉動模型,一邊謹慎塗滿凹進去的地方或大腿縫隙等狹窄處。塗裝大致完成後,確認整體的感覺並調整高光的形狀。

STEP
7 手畫上陰影❶

使用的顏色與大腿的陰影❶相同。先暫且保留手肘到手腕的部分,其他部分則畫上陰影。在之後的步驟中由於手背等光照較強的部位還會畫上高光,因此這裡可以將手塗滿陰影。

8 臉部畫上陰影

在重塗過程中，若在觀察整體平衡後覺得有必要，也能視情況改變基本色。以這次的模型為例，由於姿勢上臉部在比較深的位置，因此臉的基本色可改成比原本稍微紅一點、色調深一階的顏色。

基本色

在肌膚大致完成陰影的塗裝後，最後再開始畫臉部。首先，在整張臉塗上一層薄薄的基本色。因為這次的人物模型有原來當成範本的插圖，所以我參照這些資料來決定肌膚的色調。

為眼睛描繪輪廓後，剩下的臉頰及嘴部也塗上基本色，別忘了耳朵也要塗到。為方便塗裝，可利用噴漆夾在塗裝的同時調整角度及方向。

在裝回瀏海的狀態下，標示陰影落在臉上的位置。

完成基本色的塗裝後，接著畫上瀏海的陰影。一開始先勾勒瀏海的輪廓線，確定需要的線條，連蓋在右邊臉頰上的側髮陰影也要一併畫上。

陰影

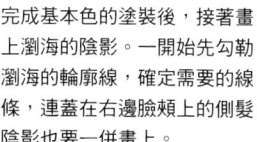

決定好輪廓線後，將輪廓線的內側塗滿陰影，完成後將瀏海裝回去。

POINT!

裝回瀏海確認整體感

為了確定陰影的輪廓線，最好反覆裝回瀏海，一邊微調一邊確認線條是否準確。

STEP 9 大腿畫上陰影❷與高光

接下來完成只畫上陰影❶的大腿。之所以先插入臉部的塗裝再回到大腿，是因為這樣能先掌握整體的平衡。當整個模型都塗上一定程度的顏色後，便可以確認自己的方向及目標是否有誤。

┌─── POINT! ───┐

保存調好的顏色

由於塗料很難調出一模一樣的顏色，因此調好的顏色在作品完成前都要密封保存！除了保存塗料本身，若能順便記錄以多少比例混了什麼顏色就能更安心了。

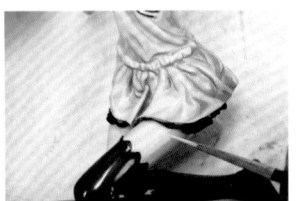

確認腳部的疊色，從最佳角度觀察，決定陰影的比例。

STEP 10 手畫上陰影❷與高光

完成大腿後接著換手。這次將手腕的前方部分塗得明亮，深處則塗得較暗。手掌及指間等凹進去的部位畫上陰影❷，手背等照到光的部位則畫上高光。塗裝過程中很重要的是要反覆觀察、俯瞰整個人物模型，確認整體的平衡。

┌─── POINT! ───┐

女性角色的肌膚

如這次的人物模型般造型華美嬌巧的女性角色，要注意如果畫得太仔細可能會失去女性特有的氣質。建議細心觀察角色特徵，並降低陰影的比例。

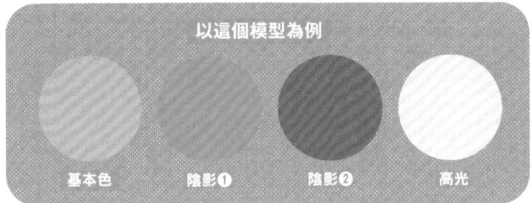

以這個模型為例

基本色　　陰影❶　　陰影❷　　高光

STEP
11 塗裝過膝襪

這裡與臉部同樣都要變更基本色。過膝襪原本是極為接近黑色的顏色，不過為了畫上陰影與高光，要將基本色改為暗灰色，接著再疊上陰影、高光❶及高光❷。

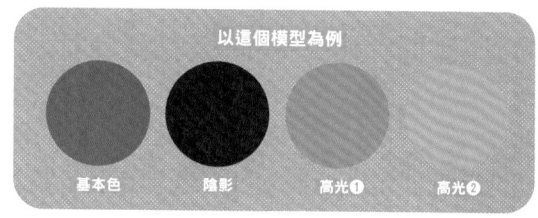

以這個模型為例

基本色　陰影　高光❶　高光❷

基本色

陰影

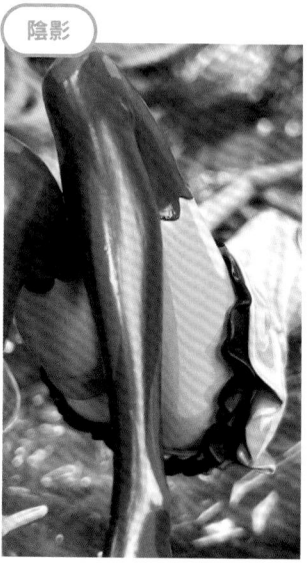

POINT!

改變基本色

像這次這樣暗色的塗裝，也可以採用保留原本的顏色當作最暗陰影色的方法，然後將亮一階的顏色設定為基本色，最後再疊上高光。

準備暗灰色的塗料當成基本色，將原本過膝襪的黑色部分塗滿。塗好基本色後接著疊上陰影、高光❶及高光❷，塗裝時記得輕柔地運筆。

基本色乾燥後畫上陰影。這裡的陰影會比基本色的面積要大，將膝頭、小腿周圍和腳踝到腳背的部位保留基本色。

高光❶

高光❷

POINT!

活用調好的顏色

想調合高光的顏色（請參照P034）時，可以在調出來的基本色中加入白色，不用勉強做出新的顏色，直接調整已經做好的顏色即可。

接著畫上高光❶及更明亮的高光❷。一開始先用高光❶，根據腳的形狀與動作，沿著女性腿部曲線畫上去，乾燥後再疊上高光❷。除了畫成線或面，畫成小點般的高光也是一種方法。

12 完成裝飾品的塗裝

重塗也終於來到尾聲。頭髮、肌膚、衣服等大部分面積都完成後，就可以開始塗裝裝飾品了。在這次的模型中，裝飾品有雙馬尾的髮飾及放在畫框右上角的耳機，兩邊都要畫上陰影或高光。

將髮飾轉動到方便塗裝的角度。

左邊髮飾

使用塗過膝襪時的顏色來塗左邊的黑色髮飾。將原本的顏色當成陰影，再接著疊上基本色與高光。

右邊髮飾

接下來畫右邊髮飾，可以將頭髮拆下來再畫。黑色蝴蝶結部分與左邊髮飾的畫法相同。

考量裝飾時的狀態，畫出符合作品氣質的高光。

POINT!

高光要意識到形狀

以這裡來說描繪高光要保留葉脈的形狀，像這樣意識到形狀起伏再仔細上色，才能畫出漂亮的效果。

接著塗裝紅色的葉片裝飾。首先將基本色塗改成顯色鮮豔的紅色，然後在剩下的塗料裡加進白色，當成高光的顏色使用。

耳機

準備明度高的顏色並畫上高光。如果明度與基本色的差距很大，便可以畫出強烈清晰的高光效果；而要是明度差距小，則會畫出沉穩的高光，可以隨喜好自行調整。

STEP
13 頭髮畫上強調色

最後，憑著玩心試著在髮尾畫上紫色。這個追加的顏色只是為了增添色彩的豐富程度，不需要畫得相當明確精細，稍微加上一點點就OK了。此外，這也不是一定要畫的顏色，自行調整顏色也沒問題。

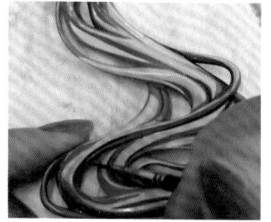

將髮尾部分畫上強調色，在已經畫上高光的一小部分再輕輕多疊一層強調色即可。照片為上色的範例，訣竅在於畫得隨興、簡單。

小心不要損害到完成品的世界觀。

POINT!

可以用髮色的塗料修復

如果畫到一定程度才發現強調色可能畫過頭了，還可以用原本的髮色來修復。因此，在完成作品前最好將使用過的顏色好好保存起來。

另一側的頭髮也以同樣方式畫上強調色，盡量一邊確認左右平衡，一邊慢慢畫上去。

STEP
14 衣服、頭髮與手部畫上線條

最後進行描線與微調，要是過於大膽地畫上線條，可能會給人強壯有力的視覺效果，因此只要稍微畫上一些細線就好，以免破壞了模型原本嬌豔可愛的印象。只要多一個小步驟，就能讓整體質感變得俐落有型。線條使用棕色或灰色系等溫潤的顏色，也是表現女孩身姿纖細、苗條的技巧之一。

宛如體現樂曲世界觀般
令人感到豔麗華美的質
感。各個零件上分成不
同階段的陰影或高光，
甚至是上色及描線的位
置、面積，各式各樣的
要素都會影響作品給人
的印象。在 After 照片
中為了拍起來好看，我
還做了微調，稍微加深
肌膚的陰影顏色並進行
描線。

After

After

小物件也費心思仔細描繪，
就能提升作品的水準。這次
細心在耳機上也畫出了高
光。試著強調畫框的紋路或
光澤也是不錯的方法。

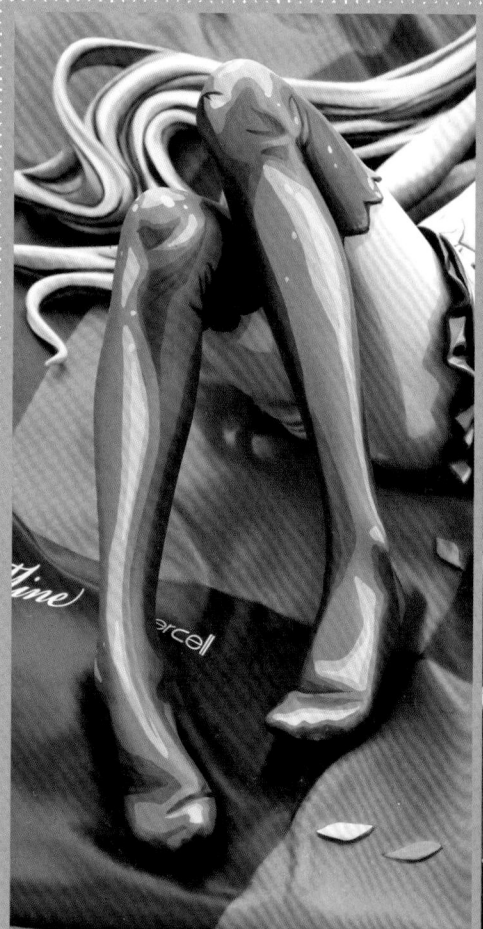

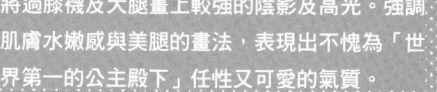

將過膝襪及大腿畫上較強的陰影及高光。強調
肌膚水嫩感與美腿的畫法，表現出不愧為「世
界第一的公主殿下」任性又可愛的氣質。

頭髮的高光很多，展現出明亮開朗的效果。由
於高光都是細長的線狀，儘管高光所佔的比例
頗大，卻不會給人刺眼、強烈的感覺，流動般
的質感也相當優美。

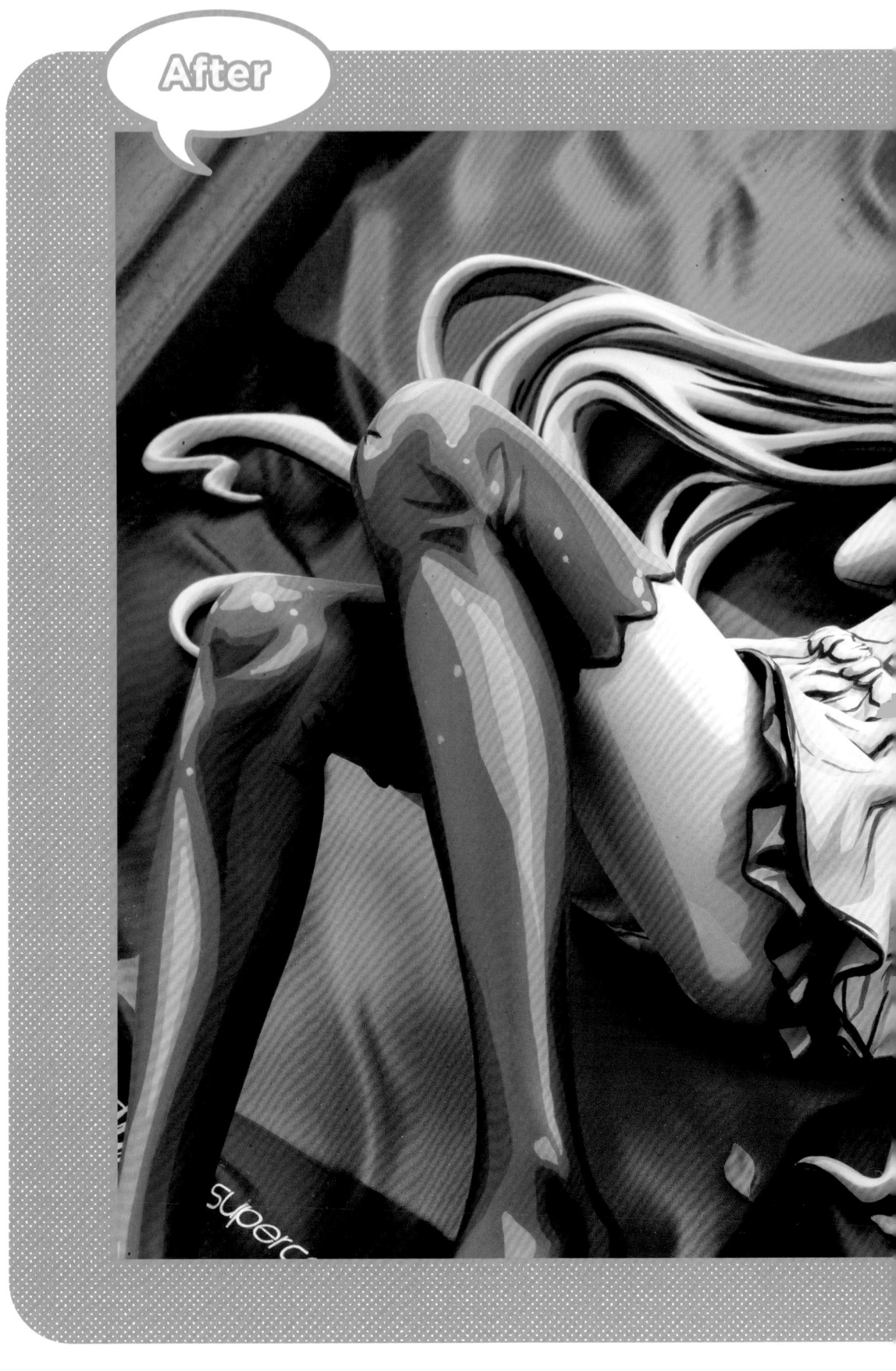

因為完成型是讓人物模型躺在畫框裡，所以陰影的畫法也意識到了這一點。像這樣注意到觀賞者的視線並反映在塗裝上，能更進一步提升作品的完成度。

接下來則要挑戰眼睛的描繪。臉是左右角色印象的一大重點,其中眼睛的重要性更是不可言喻。雖然改畫眼睛本身或改變顏色都能表現出自己的獨創性,但這其實是頗有難度的事。睫毛角度或線條粗細等任何細節都會影響作品的品質,因此請先充分掌握畫筆的操作後再來挑戰吧。

使用的人物模型是這個

POP UP PARADE 初音未來

席捲音樂界的虛擬歌手初音未來,穿著大家最熟悉的服裝以活潑的姿勢化身為人物模型。清亮有神的大眼睛網羅了薄荷綠的虹膜(眼睛裡有顏色的部分)、瞳孔(黑眼球的部分)、高光、睫毛等描繪眼睛的各種標準要素,最適合當成這次的教材。

START!!

STEP 1 浸泡在熱水裡並拆下瀏海

拆下的瀏海裝回去後冷卻,可以使形狀嵌合。

為方便描繪眼睛,要先將擋到眼睛的瀏海給拆解下來(請參照P026)。

STEP 2 清除原本的眼睛與眉毛

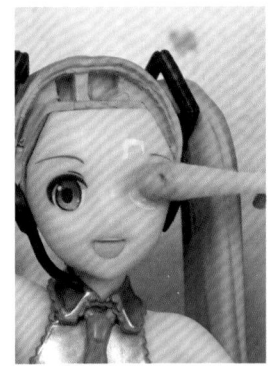

眼睛與眉毛原本就只是漆上去的,因此可以用溶劑清除;清除既有的漆料,是為了做好描繪新眼睛的事前準備。為避免髒汙塗到其他地方,盡量不計成本地更換棉花棒吧。

STEP 3 畫上眼白

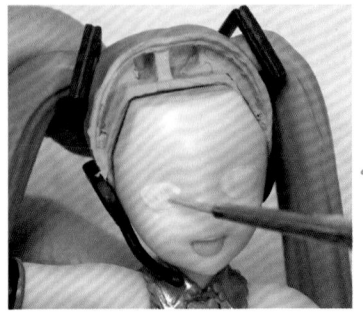

眼白是眼睛的基底,比例是否勻稱是關鍵,作畫時請從各個角度仔細確認。

POINT!

琺瑯漆修正容易
琺瑯漆只要使用專用溶劑就能輕易擦掉,一邊修正輪廓部分,一邊調整到自己滿意的狀態吧。

POINT!

用棉花棒輕輕擦拭
溶劑倒進調色皿,用棉花棒沾取後輕柔小心地擦拭。

形狀上凹進去的眼窩部分用白色琺瑯漆畫上眼白。完成琺瑯漆的塗裝後,若再塗上一層透明色的硝基漆,就能預防不小心擦掉眼白,更令人安心。

STEP

4　描繪草圖

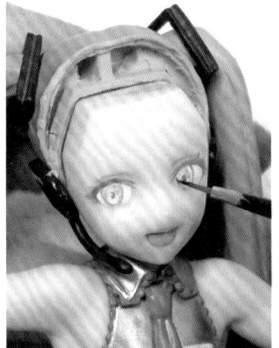

不斷修正草圖，直到畫出
理想的眼睛。▶

POINT!

**使用橘色系的
琺瑯漆**

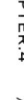

草圖使用與模型肌膚同色
系且正式畫完眼睛後，即
使不小心露出草圖的線也
不會太顯眼的顏色。

從上睫毛的線條開始畫，順利的話就接著描繪雙眼
皮、睫毛、虹膜及瞳孔。作畫時若同時看著理想的
眼睛圖片等資料就較不易畫失敗。完成草圖後輕輕
塗上一層透明的塗料（或使用噴罐或噴筆也OK）。

STEP

5　畫出眼白的陰影及虹膜

不要超出琺瑯漆塗好的範圍。▶

先用灰色琺瑯漆沿著睫毛的線條在眼白上畫出
陰影，然後利用薄荷綠的硝基漆塗出整個虹
膜，接著再用明度稍低的塗料，像是連接眼白
的陰影般在虹膜上畫出陰影。

STEP

6　畫上瞳孔

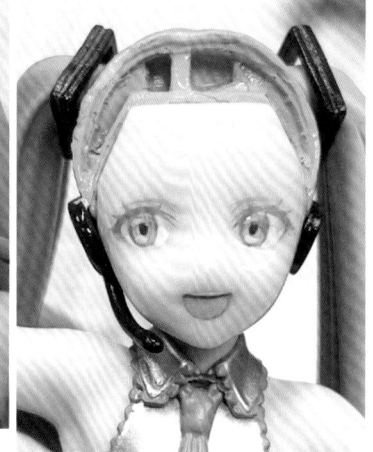

照著薄荷綠下方隱約可見的草圖畫上瞳孔。

POINT!

仔細觀察資料

虹膜及瞳孔是呈現作畫
者特色及個性的重點，
可以蒐集並仔細觀察喜
歡的插圖，在描繪眼睛
時加上自己的創意。

注意人物模型的視線，並用較暗的硝基
漆畫上瞳孔。瞳孔的上下方各添加一抹
稍微明亮的薄荷綠，但由於這不算是高
光，只是增加一點色調，所以根據角色
形象若有必要再畫上去即可。

7 畫出睫毛、雙眼皮及輪廓

事先順好筆毛,用纖細的
線條作畫。

根據草圖描出睫毛、雙眼皮及虹膜
的輪廓。雖然這裡的塗料多使用暗
棕色、暗灰色或黑色系,不過可以
依照角色形象選用適當顏色。完成
描繪後再來微調瞳孔的大小。

8 畫上高光

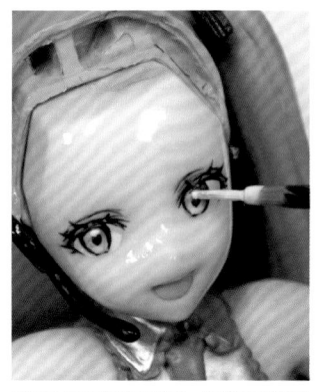

筆壓太強會把筆毛撐開,作畫時像是輕
輕把筆放上去就好。

POINT!

下睫毛視情況畫上去

雖然這次沒有畫,不過有些角
色可以畫出下睫毛。在完成到
某個階段後,視情況決定要不
要畫出下睫毛也是描繪眼睛的
訣竅之一。

瞳孔上方或虹膜輪廓的一部分畫上細
小的高光,可以讓眼睛看起來更炯炯
有神、更有活力。上睫毛的根部也能
點上與虹膜相同的顏色。請依照角色
的印象來決定要不要上色吧。

9 畫上眉毛

眉毛要畫得勻稱頗為困難,最好
先用琺瑯漆打草圖。

最後畫上眉毛。一開始先畫草圖決定長度及角度,接下來沿著草圖用薄荷綠的塗料描出眉毛;先用較暗的顏色畫待乾
燥後,再疊上比較明亮的顏色並保留輪廓,最後再將瀏海裝回去就完成了!

Before

After

我讓眉毛角度略為降下，然後仔細畫出睫毛與雙眼皮，試著從充滿活力的印象調整為帶有溫柔女性的氣質。完成眼睛的描繪後，可以在裝回並黏合瀏海前先噴上消光保護漆，如此一來便能消除眼睛與原本模型之間的不協調感。若想保留眼睛水汪汪的感覺，則可以在想添加水潤感的部分用畫筆輕輕塗上一層透明色塗料。

Q.1 ‖ 線條畫歪、畫出來比想像粗

ANSWER： **試著活用失敗的線條**

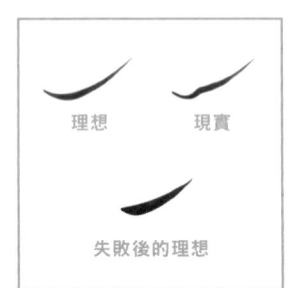

理想　　現實

失敗後的理想

如果線條畫得太粗，可以用相鄰的顏色蓋過去把線條削掉，用添加塗料的方式修正線條。雖然當初理想的線是細線，但因為畫失敗而歪掉時，就加粗線條本身，將其修正為漂亮的形狀。與其讓人覺得這裡畫歪了、畫失敗了，不如改變原本的計畫，讓人覺得線條從一開始就是這麼粗。說到底，筆塗這件事就算是塗裝老手，有時候還是會因為手抖而畫失敗，因此失敗時不要焦急，找出新的線條或形狀並進行修正吧。

Q.2 ‖ 不管怎麼樣都很在意殘留的筆痕

ANSWER： **注意塗料的黏度、畫筆尺寸、筆壓及顏色是否相配**

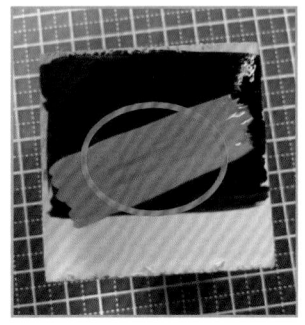

無法完全消除畫過的筆痕，但可以讓筆痕看起來不顯眼。關鍵在於黏度、畫筆尺寸、筆壓及顏色間是否相配。首先，確認塗料稀釋（請參照P025）的狀態；太濃稠或太稀都容易殘留筆痕。其次則是根據想要塗裝的面積，選擇大小適中的畫筆（請參照P039）；塗大面積時，必須在塗料乾燥前塗完。接下來是筆壓；如果筆壓太強會造成顯眼的筆痕。最後，顏色之間是否相配也很重要；如果下層的顏色很顯眼，就一定要等塗料乾，再疊幾層顏色。

Q.3 ‖ 顏色疊層不順利

ANSWER： **確認顏色是否相配、塗料乾燥狀況等等**

首先，若下層的顏色太強烈就一定不好畫。舉例來說，若在紅色上面疊黃色，由於紅色是比黃色更強烈的顏色，所以只疊1次仍然會隱約看見下層的顏色，這時只能多疊幾次，或先改成白色或灰色後再疊上去。此外，在下層塗料乾燥前疊上顏色，第2層的塗料可能會刮到下層的塗料，導致塗裝面變得凹凸不平，因此耐心等待乾燥也是很重要的。在同一個地方不斷疊上顏色也是不行的，因為下層的漆膜可能會溶解，使塗料暴露出來顏色混在一起。

Q.4 ‖ 想新增光源，但陰影＆高光好難

ANSWER： 憑感覺決定也沒問題的

一旦增加光源必定會產生矛盾，因為這樣會出現光影的交會點。所謂光影的交會點，指的是主光源下變成陰影的部分，也可能在副光源下是照得到光的地方。此時請不要在意，無論以哪個光源為優先都可以，憑感覺塗裝也沒問題。實際上只要在自己想要的位置，依靠自己的感覺畫上陰影及高光就行了。二次元彩繪本身就是充滿矛盾的作畫技法，抱著想嘗試看看的心情挑戰就好，說不定嘗試後意外地很有整體感呢。

Q.5 ‖ 塗料不小心稀釋失敗

ANSWER： 調出顏色後畫上第一筆來判斷

從不顯眼的地方開始塗

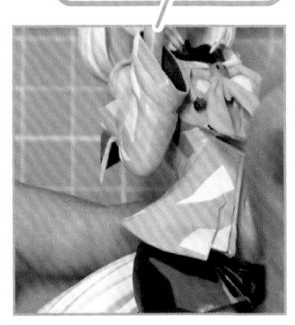

如果塗料太稀，只要再次調整塗料濃度即可；這時只要追加從塗料瓶倒出來的塗料，重新調整濃度就沒問題了。調整後的塗料直接塗到上面，可以像什麼事都沒發生般蓋過去。另一方面，若塗料太過濃稠，在發現的瞬間就立刻用畫筆等將塗料撈起來，並盡可能將畫上去的地方抹平。抹平高低差後，再次塗上重新稀釋的塗料就可以了。最好養成每次調好顏色都會仔細確認的習慣，並畫上一筆來判斷狀態。

塗裝前先試畫也是好方法

Q.6 ‖ 調不出想要的顏色

ANSWER： 說不定混入了其他顏色？

畫筆、調色皿、調色棒等工具上若殘留塗料，可能會在無意間不小心混進其他不必要的顏色。另外，若想調出顯色漂亮的顏色，就要避開黑色系，並將使用的顏色數量壓低在2～3色。而如果是想調出能跟顯色配在一起的暗沉顏色，則可以組合藍色與橘色、綠色與紅色等在色環（請參照P024）上位於相反位置的補色。

「北斗神拳　拉歐　胸像」/海洋堂

© 武論尊・原哲夫／コアミックス 1983

MAman's Voice

擋不住的內斂男子氣概！
突顯出二次元照片風格的作
品。不會太年輕也不會太老
成，皆在表達其沉穩的中年男
人味。

人物模型與我

人都會對自己親手重塗的人物模型
產生不同尋常的愛情。我希望更多
人可以體驗到塗裝後裝飾、欣賞模
型的樂趣與幸福……！

CHAPTER. **5**

動畫風塗裝 番外篇

在番外篇裡，
我將介紹與前面所述完全不同的畫法，
呈現宛如藝術繪畫般的效果。
筆塗的可能性可說是無限大，
還請各位參考本章
找出自己最獨特的表現手法。

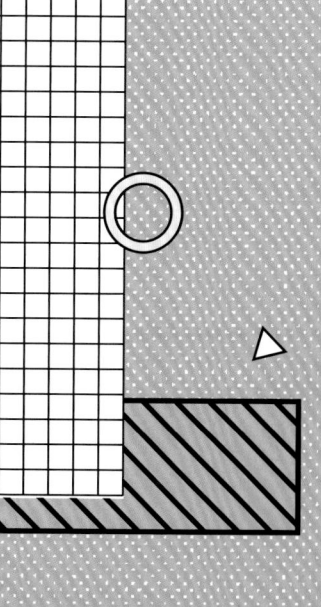

這裡我將介紹與前面提到的所有上色方法完全不同的畫法。這裡不採用硝基漆畫出明顯分界線的二次元彩繪方式，而是利用水性漆塗暈、疊層，以類似繪畫般的作畫方式來上色，可以說是將繪畫的寫實感附加在立體物的人物模型上。不過沒有油畫或水彩畫經驗的人可能會比較難以理解本處的內容及重點，若能做到就算是塗裝模型的高手了。

使用的人物模型是這個

北斗神拳／胸像收藏 托席
寶麗石樹脂製塗裝完成品

托席為漫畫《北斗神拳》的人氣角色。此人物模型全高約135mm，是我認真重塗過的模型中最小號的模型，但精緻的造型很具震撼力，而且另有販售筆觸逼真的重塗版。這次使用普通版，挑戰MAman流的繪畫風格表現。

START!!

POINT!

使用道具

塗料

水性漆流動性佳，用水就能輕鬆稀釋，因此適合用在需要時常混合顏色及反覆疊上薄層的寫實表現。別捨不得使用塗料才是進步的捷徑。

濕式調色盤（請參照P022）

雖然水性漆乾得比硝基漆還慢，但仍然會隨著時間乾掉。這次為了盡可能減緩乾燥速度所以使用濕式調色盤。

畫筆

雖然跟硝基漆一樣使用面相筆就好，不過若想講究一點，使用吸水後筆毛會自己變順的畫筆類型更好用。這次用的只有照片最左邊的2支筆。

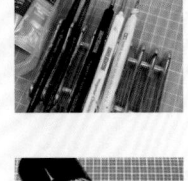

底漆

在塗上塗料前所使用的底層塗料。每種塗料都有各自適用的底漆，這次選擇的是水性漆用的底漆。底漆也有各種顏色，建議配合作品的感覺來挑選。

STEP

1 清洗、乾燥

為了洗掉人物模型表面附著的油脂，要先清洗整個模型（請參照P027）。清洗後用廚房紙巾擦乾，然後放置乾燥。底座為避免沾到塗料可以先遮蓋起來。

POINT!

很方便的乾燥箱

活用可以烘乾模型的乾燥箱（請參照P113）便能大幅提升工作速率。由於模型受熱可能會變形或損傷，因此火力最好設定在弱。

STEP 2　噴上底漆

噴上底漆可以加強塗料的附著力，顏色塗上去也會更漂亮。由於水性漆比硝基漆更容易掉漆，所以基本上一定要做這個步驟。此外，底漆也有重置原本顏色的功能，這次我使用的是黑色的底漆。

STEP 3　整個模型塗上塗料

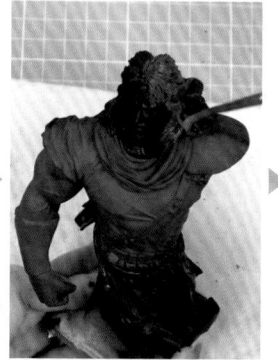
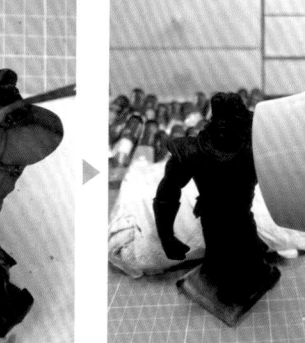

整個模型塗上一層薄薄的紅紫色，此時顯色還不漂亮。

整個模型疊上藍色較濃烈的塗料，顯色變好許多。

將紫色與藍色系的塗料倒進調色盤上，然後用水稀釋到塗料會順利流動的程度，接著在調色盤上適度混合顏色並塗上模型。用筆大致塗過整個模型後，先等待模型完全乾燥，再疊上其他顏色。乾燥時可以使用吹風機。

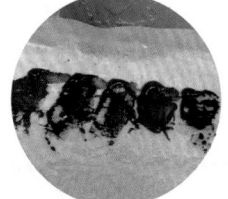

在調色盤上混合塗料和水並塗裝到模型上。

POINT!

配合完成後的印象疊上顏色

這次因為要塗出偏紅紫色的肌膚，所以先用紅紫色當作底層，為整個模型塗出一定程度的色調。如果想立刻就塗上肌膚顏色，那麼選擇白色或粉紅色的底漆也可以。

STEP

4 疊層直到顯色變得漂亮

藉由跟STEP **3** 相同的步驟再疊上顏色3次左右。肌膚塗得較紫，頭髮及衣服則塗得較藍，從照片中也能看出顯色變得愈來愈明顯。先對整個模型塗上塗料後，再用畫筆描繪，塗料會更好地附著到模型上。

第3次

開始

疊上比塗裝前的模型更亮一點的紫色。

第1次

第2次

臉的部分比較紅，衣服與頭髮則稍微藍一點。

塗料乾燥後，再疊上稍微亮一點的藍色。

STEP

5 塗裝右臂

在調色盤上混合塗料做出顏色，然後先從手臂正面上色，並意識到整體的明暗。接著讓畫筆吸水，將顏色與顏色間的交界線塗到暈開，讓交界線不會太顯眼，此稱為混合法（Blending），是很常用來將顏色塗暈的技法。建議盡快在塗料乾燥前完成。

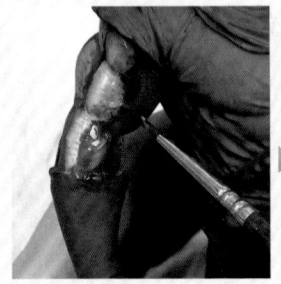

在模型上的塗料乾燥前，用水將交界線快速塗暈。

薄薄地疊上完全稀釋後的塗料後，顏色會呈現平滑的變化。

POINT!

在調色盤上準備塗料

在開始塗裝前將可能會用到的顏色，從最亮排到最暗依階倒進調色盤上。

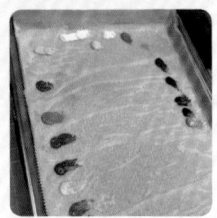

STEP 6　塗裝臉部與頸部

完成右臂後以同樣方式塗裝臉部與頸部。如果塗成跟手臂不同的肌膚顏色看起來會相當不平衡，因此要注意別塗過頭了。由於頸部是會落下大片影子的部位，所以要用暗色畫出陰影。當整個部位都上色後，再進一步疊上更細緻的顏色以求接近理想的效果。

POINT!
如何決定塗亮＆塗暗的部位

先決定大致的明暗，比如左臉頰較亮、頸部比臉部暗1、2階等等。因為沒有明確的交界線，只要粗略決定好就夠了。

POINT!
想像成品的形象

事先決定好作品的風格或是喜歡的角色形象，較能不迷惘且順利地進行塗裝。由於像這次的塗裝法有多種不同的形式，建議可以自行設定想要呈現的目標。

STEP 7　觀察肌膚整體是否勻稱並加筆修正

手臂、臉部、頸部所有肌膚都塗裝完成後就俯瞰整個模型，觀察整體平衡並加筆修正，譬如將顏色塗亮一點等等。照片中是為了將手臂的高光再稍微畫極端一點而做出修正。這次雖然是以這種方式作畫，但其實畫法有千百種，這邊只是提供一個範例當作參考。

STEP 8　描繪眼睛

畫上眼白、黑眼球與輪廓，以免給人一種異樣感。

表情是影響整個模型的關鍵要素。由於這次的模型很小，所以沒有畫得太過精細，只要肉眼觀賞時不會感覺奇怪就可以了。

POINT!
拍照確認

黑眼球的位置、眼白的比例等不要只用肉眼看，在塗裝時也要拍照一邊確認一邊畫，以照片的形式檢查更容易發現不勻稱的地方。

先將整個頭髮從藍紫色塗成鮮豔的藍色，接著再塗成白髮，顏色就會變得深邃而有層次。為了讓底層能夠隱約透出來，在調色時要留意較高的明度與彩度，使顯色更加漂亮。若難以1次就塗得漂亮，那就多疊幾層將顏色好好塗上去。

第1次

第2次

POINT!

強調頭髮的飄動感

由於最終會塗成白髮，藍色會幾乎被蓋過去，但仍要意識到陰影並疊上顏色，這麼一來能夠進一步強調頭髮飄揚的立體感。

第4次

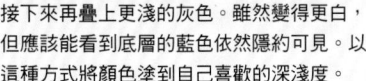

接下來再疊上更淺的灰色。雖然變得更白，但應該能看到底層的藍色依然隱約可見。以這種方式將顏色塗到自己喜歡的深淺度。

第3次

等頭髮塗料完全乾燥後，再漸漸塗成白髮。一開始先將整個頭髮塗上淺灰色，完成後放置到乾燥。

完成

POINT!

充分活用凹凸複雜的形狀

這款模型原本的造型已經相當精細，尤其頭髮更是有著複雜的高低差。雖然這樣的形狀已能呈現立體感，但為了提升這個優點，還要在隆起部分畫上高光。

再繼續疊上接近灰白色。等待塗料完全乾燥後，再以高光部分為主，仔細畫上白色；當下層的輕微顏色透出來時會像是若隱若現的陰影，使整頭白髮看起來相當具有立體感。

STEP
10 塗裝衣服

▶

雖然塗料稀釋到能看見下層的顏色，但會疊上很多層所以沒問題。

POINT!

最後再細心描繪細節！
因為這次使用的塗料稀釋得相當稀，只塗1次是無法把顏色塗上去的。要先反覆疊層把顏色塗到一定程度後，再以同樣的色調仔細畫出陰影等細節，這樣就能表現出繪畫風格的陰影。

整件衣服一口氣塗上顏色。因為衣服要塗成帶有些許藍色調的灰色，所以塗裝的顏色主要是灰色等無彩色，並藉由下層的顏色來透出藍色調。可以在調色盤上做出3種明度相異的顏色，然後簡略地畫上去。最後疊色並將顏色塗暈，完成衣服的塗裝。

STEP
11 塗裝皮帶等裝飾品

先塗上基本色。要是到了這個階段才不小心塗到衣服，修正起來會非常費工夫，因此盡可能細心地上色吧。完成基本色後多次疊上顏色，畫出裝飾品的陰影，僅這一個小步驟便能大幅提升完成度。

POINT!

刻意留下筆痕
觀察墊肩部分便能看出隨意塗裝後留下的筆痕。像這樣刻意展露筆觸不均的感覺，可以為作品添加筆塗特有的魅力。

▶

▶

◀

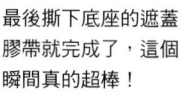

最後撕下底座的遮蓋膠帶就完成了，這個瞬間真的超棒！

Before

這次介紹的畫法因為是模型
上不太會運用的方法，所以
能看出明顯的風格差異。雖
然主題說是「繪畫風格的塗
裝」，但不是將照片直接繪
製成畫作的畫法，而是透過
漸層及複雜的混色，試圖表
現出真實感。另外我也刻意
留下筆痕，希望大家能感受
到筆塗獨特的優點。

After

下了最多功夫的地方是肌膚的質感。許多顏色複雜交疊的層次感是前面介紹的二次元彩繪難以做出的表現。由於將底層設定為暗色，因此整體來說顯色不會太過明亮，看起來沉穩內斂。

還希望大家注意到頭髮的陰影。陰影之所以帶有些許藍色，是因為塗成白髮前用來當作底層的藍色微微透出來之故。將各種顏色交互疊成許多層，可以突顯獨特的質感及立體感。

After

模型攝影技巧

完成重塗作業後，就為模型拍出美美的照片吧！
以下介紹無論單眼相機還是智慧型手機，都能派上用場的基本技巧。

── POINT! ──

準備背景紙

將放置模型的桌子或平台保持水平，若是桌面傾斜連模型也會跟著傾斜。接下來為避免拍到多餘的物件，最好準備一張背景紙。白色或黑色比較好用。背景紙的大小盡量是模型長寬的4倍左右。

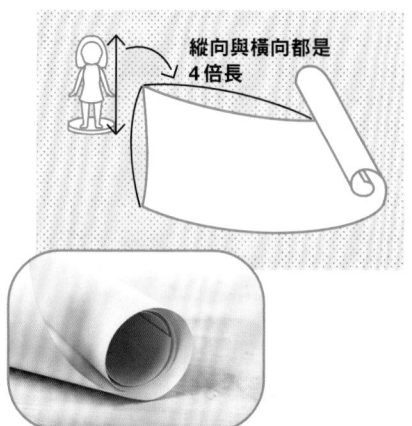

縱向與橫向都是4倍長

在窗邊拍攝

若要在白天拍攝就選在窗邊拍攝吧。只要利用陽光，就能良好地重現模型自己的顏色。將模型放在陽光直射不到的位置，然後調整擺放角度，讓窗戶或太陽變成塗裝時設定的主要光源。

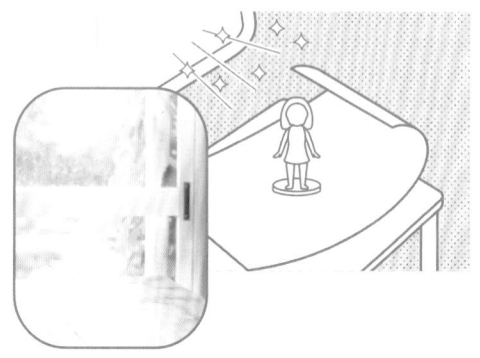

備齊道具

想要拍出亮眼的照片需要準備4項道具。首先是補光燈等照明器具，小型的也沒關係，總之準備2～3個為佳。接著是固定相機的三腳架，即使是用手機拍攝也最好準備1支。固定背景紙和燈光的東西都可以在百元商店買到。

在百元商店買齊！

固定背景紙的工具

組合可以伸縮的棒子或支架，並在頂點裝上夾子的簡易工具。用百元商店販售的東西就能自己製作。

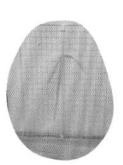

固定燈光的工具

最方便的是附有能夾住燈光且能自由彎折的支架，可以輕鬆微調燈光的位置及角度。

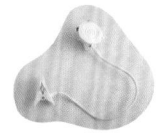

補光燈

LED燈最便利且最好選擇色溫能用數值進行設定的類型。色溫單位以「開爾文」（Kelvin）表示。

三腳架

選擇可以伸長到1m左右的類型。由於拍攝模型時大多都在室內，使用重量輕的就沒問題了。

設置

1 設置背景

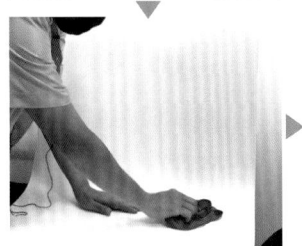

背景雖然可以用圖畫紙，但建議使用PVC材質的紙張。這種背景紙不容易有折痕也不容易髒，相當好用。另外，可以用來拍攝的範圍是到固定背景的夾子下方左右。雖然沒有支架固定背景也能直接貼在牆上，但因為拍攝位置會被固定住，有著無法從背面打光的缺點。

2 放上模型

在設置好的背景中放上模型。因為放在裡面跟前面，兩者之間打光的方式會有所不同，所以先思考要拍怎麼樣的照片再決定吧。如果想要有模型的影子，或使用有花紋的背景，那麼放在裡面會比較好，因為放在愈前面的位置，後方背景的存在感就愈弱，不過要注意仍需要在模型前方保留放置燈光的空間。

3 打光

設置燈光為模型打光。色溫設定在能正確反映模型顏色的數值。由於數值愈高愈藍、數值愈低愈紅，因此要實際一邊打光一邊找出適當的數值。放置燈光的位置可以看影子的情況來決定；若影子太深可以從其他方向追加燈光來調整。

\ 色溫低 /　　　　\ 色溫高 /

一開始先從前方打光，再調整燈光數量、位置與角度。

色溫數值低，肌膚看起來比較紅。

色溫數值高，整體看起來會偏藍。

可以輕鬆辦到的各種攝影方法

＼ 標準的照片 ／

想忠實重現重塗後的色彩就用這個方法。設置成整個模型都能照到光，這樣就不太會產生影子，另外也要盡量拍出模型正確的色澤。擺放模型與架設相機的角度，則採用重塗時事先設定好的最佳角度。

＼ 利用影子 拍得帥氣 ／

將室內環境調暗，往想照出影子的方向打光。推薦用於想要拍出緊張感或壓迫感的場面。意識到影子，打光就必然會使模型的顏色變深，因此拍照時不要過於執著影子，也要確認模型的顏色及整體平衡。

更上一階的拍法

加上顏色拍出令人印象深刻的效果

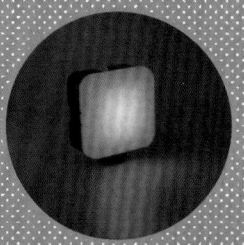

補光燈中有可以照出紅色或綠色等顏色的款式。雖說使用這些彩色光源也會影響模型的色澤，需多加注意，但順利的話就可以拍出具有獨特氣氛的照片。

＼ 從特別的角度拍出張力 ／

舉例來說，若是眼睛向上看的角色就從上方，稍微低著頭的角色就從下方等等，在拍攝角度上多費心思。光是改變角度，有時候就會讓角色呈現出不同的氣質。

iPhone 活用術

就算沒有單眼或微單眼相機,只要一支手機也能拍出高水準的照片。手機上有數不清的各種拍照 App,有些還能進行複雜多樣的設定。以下透過 iPhone 內建的拍照 App,介紹能活用在模型攝影的功能。

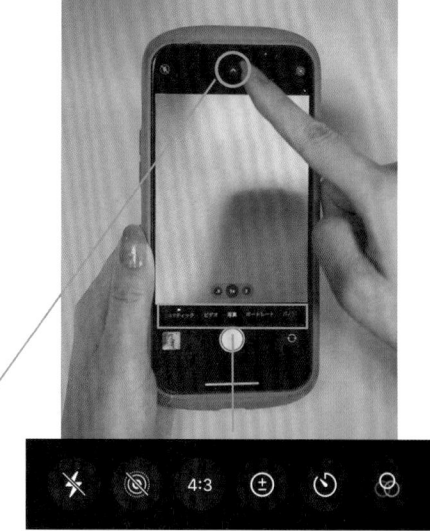

 閃光燈

基本上設定為關閉。雖然可設定成自動、開啟與關閉,但模型攝影裡不會用到。用閃光燈打光,會經過數位處理而加工成太過明亮的照片,使照片色彩劣化。

開啟　關閉

 原況照片

設定為關閉吧。原況照片是種拍攝動態照片的功能,可以設定成自動、開啟與關閉,並附有循環或長時間曝光等特效。但因為基本上不會一邊移動模型一邊拍攝,所以在這次的攝影中是不需要的功能。

自動　關閉　關閉 HDR

 比例

決定照片長寬比的功能,可以從方形、4:3、16:9 之中選擇。雖然這按照喜好選擇即可,但一般的照片比例為 4:3,方形多半用在 Instagram,16:9 則用在影片上。

方形　4:3

 曝光

透過數值調整照片的明亮度。iPhone 在構造上,此處調整的明亮度不會經過數位處理,所以能在不使畫質劣化的狀態下拍出明亮的照片。若覺得照片有點暗,那就變更曝光值。

高　低

 計時器

自拍常用到的功能,可以從不計時、3秒、10秒中選擇。這個功能用來設定在按下拍攝鈕後,會經過幾秒才按下快門。雖然在明亮的地方拍攝不太需要這個功能,但在昏暗的地方拍攝則意外地相當有用。放在三腳架上並使用計時器,就能避免按下快門的手震影響照片。

關閉計時器　3秒　10秒

 濾鏡

可以變更色溫、對比或彩度。這裡的設定跟 App 的加工不同,不會使畫質劣化,試著用看看也很有趣。

暖色調　冷色調　黑白

MAman 工作室

影片拍攝 空間

這個區塊隨時架設著攝影機與照亮手邊的燈光。為了能清楚看見慣用右手的動作,主要攝影機從左側拍攝。右側則設置著2～3支能從上方拍攝,固定手機的手機架。平常為了不妨礙工作都將這些器具整理在邊緣。主要攝影機的畫面投影在筆塗空間正面白色架子上的螢幕裡。

❶全景隨時以定點攝影機拍攝　❷另外設置一台可以拍攝手邊位置的攝影機

大公開

不斷創作出全新作品的工作室，充滿讓塗裝更舒適、
效率更好的各種巧思。也會一併介紹愛用的物品。

筆塗 空間

此處可謂是工作室的心臟！桌子擺設成L形，筆塗作業
幾乎能在右側的桌子上完成。這裡整理了必要工具，常
用物品放在伸手方便拿到的位置。雖然這個空間只比肩
寬大不了多少，但卻是實質上用來筆塗的空間。正面架
子上收納著大致以顏色區分的各種硝基漆。右手邊放著
筆架或洗筆筒，調色皿與遮蓋膠帶等小東西則整理在有
隔板的收納盒中。

❶為了不用走動也能進行筆塗，所有用
　具都緊湊地整理在這個工作空間裡
❷把用具擺放成一目了然的樣子
❸從正上方看筆塗空間

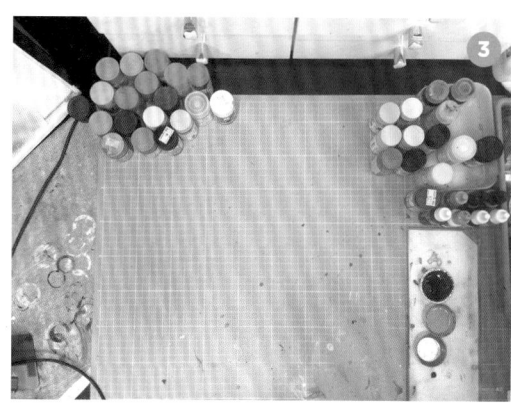

噴筆 噴漆箱

筆塗空間左邊設有噴漆箱。除了噴筆，使用噴罐
或底漆等需要通風的作業也都在這裡進行。噴漆
箱是自製的。噴漆箱上方的按鈕可以調整抽風的
強弱。噴漆箱內側貼有廚房面板，輕輕一擦就能
擦掉塗料，保養相當方便。壓縮機放在桌子底
下，並用隔音效果好的材料圍起來避免發出太大
的聲音。

❶噴漆箱上方及外側吸有磁鐵，方便夾住
　便條紙　❷風管也是自己製作並設置的

塗料　依照硝基漆、水性漆、琺瑯漆等漆種分類整理。因為最常用的硝基漆數量很多，所以分別放在不同地方。由於每個品牌的塗料瓶大小不一，因此我用 Mr.COLOR 綠色系放這、GAIA COLOR 米色系放這的方式分開擺放。最常用的塗料放在筆塗空間正面的白色抽屜等伸手就能拿到的地方，不常用的則保管在架子的深處。

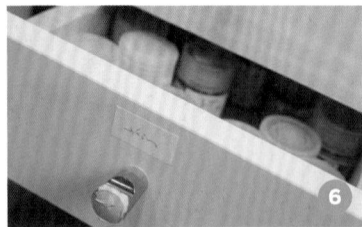

❶活用巨大的收納櫃　❷能依照塗料瓶的尺寸調整高度的自製抽屜　❸依照塗料瓶的大小改變收納方法　❹不常用的琺瑯漆收納在深處的固定位置　❺❻抽屜貼上標籤以便整理

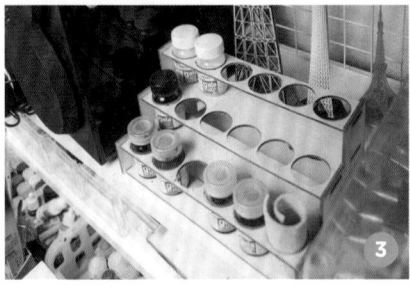

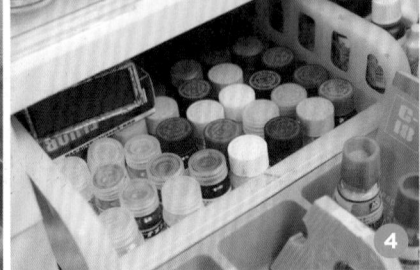

畫筆

使用多個筆筒分別整理，最常用的畫筆放在最好拿到的右手前方。畫筆不是用粗細或種類嚴格分類，只有簡單分成平時塗裝主要用的筆、用舊的筆、平筆＆榛形筆、新筆這樣而已。調色皿或洗筆筒等跟畫筆一起使用的用具也盡量放置在附近。

❶除了用在塗裝的畫筆外，還有書法用的毛筆　❷滴管、鑷子等細長用具一起整理在這　❸我平時不太用平筆或榛形筆，所以都統一放在深處

資料

❶❷iPad固定在可轉
動的支架上，可以輕鬆
調整到方便觀看的位置
❸放著跟造形、立體透
視模型相關的技法書、
畫冊、書法本可當作模
型製作參考的各類書籍
❹另外還有筆記型電腦

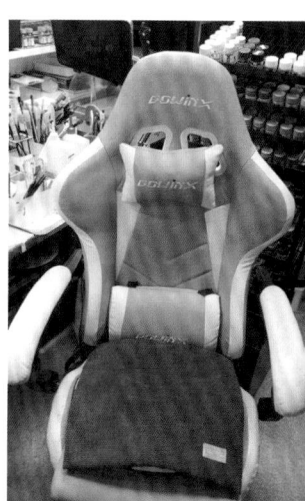

網路收集到的資料或拍攝的檔案顯示在 iPad 上。將 iPad 設置在最接
近自己的位置，方便顯示或查詢資料。擺放成 L 形的桌子左側設有書
架，其中放著最常用到的書籍，以便我可以隨時確認。

工作椅

因為重塗必須花費相當長的時間
坐在椅子上，所以一張好坐的椅
子是必須的。我選擇的是服貼身
體的電競椅，脖子及腰部放著能
微調位置的靠墊，也充分運用扶
手支撐手肘。可以順暢移動或旋
轉也是電競椅的好處。

靠墊重視的是替換性。可以躺平這
點也是我喜歡電競椅的地方。

重塗用具

用於重塗的用具非常多，能夠一眼看出常用的東西放在哪裡是很重要的。我充分
運用有隔板的收納盒來整理這些用具。依照重塗的步驟分門別類並整理在一起也
是一個技巧，譬如搭配水性漆一起用的放一起，或用來塑形的工具放一起等等。

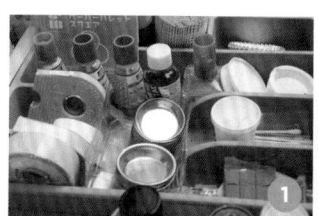

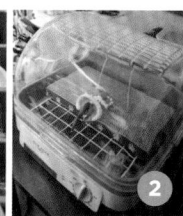

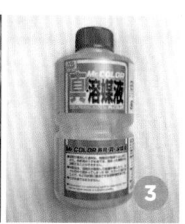

❶百元商店能買到各式各樣的收納器具。灰色的隔板收納盒本來是用來分類筷子與
湯匙的　❷烘乾模型的乾燥箱。工作室裡用照片上的烘碗機代替　❸GSI Creos 的
「真‧溶媒液」，想要將凝固的塗料回復原來的狀態時，是很方便的溶劑

庫存品

遮蓋膠帶、調色皿等小型用具統一保管在較小的
抽屜裡，而大罐溶劑等笨重的東西則保管在桌子
下方的大型抽屜裡。工作室還引進了業務用的大
型塗料架呢！

小型用具或容易散落的東西收納在抽屜裡，其他
材料等收納在衣櫥裡。

專業原型師 × 人物模型

奔走於模型業界最前線的原型師夫妻檔，山下學及石崎紗央里。

MAman 終於跟嚮往已久的兩位實現了座談會！

暢所欲言關於重塗、造形以及寶貴的工作室探訪記 etc. 並述說彼此對模型的愛！

塗裝師座談會

什麼是原型師？

原型師是模型相關工作之一，可說是雕塑模型的專家。原型師會製造出模型的原版，以便模型能夠大量生產。廣義上來說，將模型立體化的造形師也是原型師，是與產品品質有直接關聯的重要角色。

CAMEO 3

山下學（左）

2013年獨立。以造形大賽的出場為契機，一口氣提高了在業界外的知名度。近年經手了許多模型獎品製造商的大型人物模型系列。目前正積極創作新的原創作品！
@yamashita_manab

石崎紗央里（中間）

主要是以娛樂遊戲獎品的人物模型為主，設計了多款娃娃風格的Q版模型系列。推出許多針對女性粉絲的熱門產品，為擴大模型粉絲的客群做出卓越貢獻。
@ishizaki_saori

MAman（以下簡稱 MA）：「我嚮往二位是從 2020 年左右開始的，剛好是開始在 YouTube 上發表重塗作品的約 1 年後吧。雖然很少有原型師、造形師透過社群網站積極宣傳模型的事情，不過二位在 Twitter 上很常發佈貼文，所以我都有密切關注。石崎小姐的作品不只是作為人物模型，當作時髦可愛的裝飾品也很令我喜愛。山下先生的作品則有令人驚嘆的皺褶等各種表現，光是看著作品也很有樂趣」

山下學（以下簡稱山下）：「我們開始關注 MAman 小姐的 Twitter 應該也是那個時期吧」

石崎紗央里（以下簡稱石崎）：「我看到那支將模型重塗成黑白色的影片（※1）時真是令我大受震撼」

山下：「那個作品是開始重塗多久後所做的作品呢？」

MA：「應該是 1 年以內吧，是我很早期的作品了。重塗成黑白色的作品也是我開始受到大家認識的契機」

山下：「看到那作品後我們也在意起您還塗裝了什麼其他作品，所以回頭看了其他影片（笑）。那個也很厲害呢，用畫筆塗出漸層的繪畫風二次元重塗（※2）」

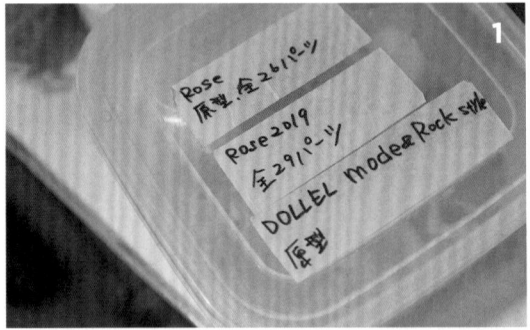

MA：「非常謝謝您！我在那時也重塗過山下先生造形的人物模型，真的非常有趣。我採用的二次元彩繪是種極端的塗裝方法，正是因為您的模型才讓我能表

1.組成模型的零件為了避免混淆而依據作品分別保管　2.石崎小姐經手的作品深受許多女性粉絲喜愛　3.石崎小姐的代表作「DOLLEL」系列。「有夠可愛，整天盯著看都沒問題」（MAman）　4.座談會在石崎小姐與山下先生的工作室舉行　5.山下先生的原創作品「OKIMONO series Julo」。極其逼真的衣服皺褶與質感等細節表現可說精緻無比，靠近看也很有樂趣。

黑白重塗令我大受震撼

（石崎）

5

現出那明顯的特徵」

山下：「這麼說真令人高興！」

石崎：「的確，我可能從造形的階段開始就在會思考產生陰影的部位或顏色的區塊，留意用單一顏色塗也會很好看的造形」

MA：「沒錯！為簡單的造形加上分明的二次元彩繪時，我都會不自覺地沿著形狀塗出陰影來」

石崎：「就是這樣吧！我看您的影片及作品時都覺得這點很厲害」

山下：「相反地，造形簡單的模型能玩出更多塗裝的花樣，這樣應該更有樂趣吧？」

MA：「我個人比較喜歡塗裝造形精緻的人物模型。雖然說起來可能有點自以為是，但塗裝這些模型時，明明我沒有親手製作，卻讓我有種一起製作出了模型的感覺（笑）」

※1 YouTube頻道「MAマンch。」的影片「フィギュア塗師が禰豆子（ねずこ）フィギュアをガチで漫画の世界に返してみた。」

※2 YouTube頻道「MAマンch。」的影片「フィギュア塗師が〇ヶ月かけてガチでキラークイーンを絵画風に塗ったらめちゃくちゃ映えた。」

對重塗的感想與心得

MA：「對於在塗裝好的模型作品上增加新塗裝的這種重塗樂趣，我想請問活躍於商業原型師第一線的兩位有什麼想法嗎？」

山下「只要大家覺得開心，我想就沒問題了。如果大家願意發表分享重塗後的精彩作品，我們原型師也會很高興」

石崎「身為商業原型師，設計時的工序數量會受到一定限制，這麼一來就會出現自己難以做到的表現手法，而若大家願意透過重塗來表現，不只是買回家裝飾，還進一步動手做出變化，我會非常欣喜」

MA：「沒想到兩位都有這樣的想法，我真的很開心！由負責造形的人這麼說，就更加能感受到這份話語的重量」

石崎「設計模型時總會有這裡做起來很有趣、思考這個很有趣的瞬間，我能感受到MAman小姐的塗裝中也有這樣的瞬間」

手工造形與數位造形

MA：「我與二位第一次見面是在造形作品的展示販售會的會場上吧。現在造形多採用數位製作（※3），不過聽到二位至今仍然用手工（※4）的方式製作，讓我對『只要有技術任誰明天都能做到！』這點感到有親近感呢，雖然二位的是超絕技巧（笑）」

山下：「您怎麼知道我們是採手工造形？」

石崎：「因為是2019年左右開始出展，所以應該是看到了我們的Twitter貼文吧？」

MA：「我是從業界人士那裡聽來的」

山下：「目前的確有從手工轉向數位的趨勢。雖然有時代因素，但我想或許也因為大家想要更忠於設定的產品吧」

MA：「這樣一來原型師或造形師還有介入數位造形，發揮自己特色的餘地嗎？」

石崎：「說不定自我特色會比手工造形更為顯著呢」

MA：「是這樣嗎！真是意外的答案。是為什麼呢？」

石崎：「如果設計相當洗鍊，那麼無論手工還是數位，朝向的目標都是很接近的。不過作為工具的性質比較強的數位造形，在朝向目標的過程中，會更容易顯露作家自己的特色及風格」

山下：「感覺上說不定是類似的體驗呢」

石崎：「您會畫得更仔細，或追加造形上沒有的部分。讓我覺得您一定是抱著『若能表現出這裡一定很好玩！』的心情在進行塗裝的」

> 優秀的重塗，
> 在我們看來也很令人
> 高興（山下）

MA：「是的，因為我以前本來就是運用油彩在描繪人像畫的」

山下：「我很懂這種感覺！」

石崎：「二次元彩繪基本上只限定在最好的角度，我原本以為是種『從這個角度看很二次元』的塗裝方式，但MAman小姐的重塗就算轉了一圈，從任何角度看都還是像二次元。這應該歸功於您的素描能力吧，正因為能夠畫出精準的素描，所以才能畫出360度都合乎邏輯的線條。光是看著都覺得很爽快！」

山下：「譬如素描能力之類的就很明顯」

石崎：「無論數位製作還是手作，都是工具之一。不是因為數位好，重要的是熟練使用工具的能力」

MA：「話說回來二位有採用過數位造形嗎？」

石崎：「……還在練習中（笑）！手工派的人有自己擅長的素材，而且同樣都是手工，換成不同素材可能會很難使用。我想數位造形應該也差不多，只是使用的素材不同而已。雖然需要相當的練習時間才能熟悉，但現在可能沒時間這麼做……」

MA：「原來如此！跟美術的世界相同呢」

> 聽到手工造形，
> 明明是超絕技巧
> 卻感到親近感（MAman）

※3 數位造形指的是使用數位工具進行造形的方法。先在電腦上製作3D模型，再送出檔案即可交貨。若使用3D列印機，不管在什麼地方都能立刻做出成品。

※4 手工造形指的是用Sculpey或塑膠補土等黏土類素材親手捏出造形的方法。在軸心上大致黏合每塊肢體後，再透過可用於造形的刮刀來雕塑形狀。

完成整體結構後，
增添細節的階段
很令人開心！（石崎）

原型師的工作與原創作品

MA：「其實我對造形有著濃厚的興趣。看著二位的Twitter，很羨慕你們可以製作如此精美的模型，看起來真的很有趣。這麼說起來，我曾就讀的美術大學油畫課程也有許多人會製作立體造形並用油彩上色呢」

石崎：「是這樣嗎？感覺真好玩！」

MA：「以前曾有機會小試身手。因為對人物模型這樣小巧的造形物完全沒有經驗，感覺沒有技術與知識真的很難製作，而且還需要動手製作的時間，所以才希望能夠像二位這樣製作作品」

山下：「很好玩喔～！我也是油畫經驗者，是透過平面構圖的感覺來掌握立體物體的平衡」

MA：「果然有些部分是相通的呢。覺得哪個步驟最有樂趣呢？」

石崎：「我是最後的修整吧」

山下：「我也是！最後雕塑線條這點是我認為最有趣的地方」

MA：「是因為愈來愈接近了想要做出來的成品嗎？還是製作本身就很有趣？」

石崎：「增添細節的部分最開心了。雖然這是造形中常有的事，但每次從頭開始製作，都會搞不清楚上一次到底是怎麼做出來的（笑）。明明已經做過好幾次了。一邊思考『之前是怎麼處理的』一邊摸

索，有時候大幅調整，有時候要裁剪黏貼。完成整體結構後，情緒就會變得高漲，想要讓模型變得更可愛一點或更帥氣一點，這個階段是最令人開心的」

MA：「二位都有自己的原創作品，不過原創作品跟工作上的作品在製作方式上有什麼差異嗎？」

石崎：「基本上沒有什麼差異，只是原創作品沒有背景設定，有時候會一邊做一邊改變細節。以我自己來說，我會思考能在自己決定的期限內完成的設計，所以可能不太像是藝術家的作品」

山下：「但原創作品的方向性則是自由的」

石崎：「沒錯。由於我的作品都是Q版人物模型，因此會特別意識到輪廓的可愛感。再來還有飾品服裝類，譬如採用流行的透膚靴等等，會將重點擺放在時尚部分」

MA：「真是跟得上潮流呀！」

1.石崎小姐親自為我介紹工作室　2.拿著雕塑造形的刮刀，饒有興致地觀察。「竟然能摸到專業人士的工作用品，太感動啦……！」（MAman）
3.也會活用能夠印刷、轉印的貼紙。「在印刷好的眼睛上重疊臉部零件做出貓眼」（石崎）　4.「為了減少塗裝及遮蓋的工夫，要分色塗裝的部分盡可能在原型時就分開來」（石崎）　5.石崎小姐的原創作品「遊女胸像」系列

山下：「我倒不會為原創作品擬定期限。能完成就完成，大概這種感覺」

MA：「所有的原創作品都不會決定期限嗎？」

山下：「是的。工作時雖然零件或工序太多偶爾會感到辛苦，但製作原創作品的細小部件時就會感到很開心。這些部件可能會變得比當初想像的更多，或在整體構思上不小心找到有趣的方向，這下子就不禁想繼續做下去。製作途中會不斷改變目標」

MA：「塗裝也有這種感覺！」

山下：「譬如這個老爺爺的模型（請參照P117），其實我一開始是想做成妖怪滑頭鬼的，但因為同時期有其他同業者做出了妖怪類的作品，我覺得『這不就撞主題了嗎』所以乾脆轉換方向，結果做成了七福神的感覺（笑）」

MA：「這樣聽起來很酷呢（笑）。想說外觀明明是現代風格，卻有奇特的元素」

石崎：「就像感覺明明是神明卻是現代風」

山下：「說實在我最想做的是零件，比如皮衣或連帽外套的繩子之類的。我有先畫出插圖進行設計，而且也重畫了好幾次。像這件夾克的流蘇我就很講究」

石崎：「這是會被製造業者罵的那種零件嘛（笑）。他們會跟你說『這個太細了沒辦法脫模啦』」

MA：「這裡是將流蘇當作一個零件嵌進去的嗎？」

山下：「流蘇本身做成板狀的其他零件，再插到夾克裡面。在製作階段中，我也做了好幾個不同的類型，彼此搭配看看哪一個最好」

MA：「像這種零件的組成我就完全不了解！原來設計零件還得考量能不能脫模這點，不然就做不出來。我首先想先到達這種境界呢。二位在好的意義上也算是變態呢～（笑）」

石崎：「我們也是這麼想。如果沒有超乎常人的心思與追求是無法製作原型的！」

山下：「畢竟就是喜歡動手做，即使是工作也會24小時專注在上面呢。不僅做起來開心，煩惱猶豫這件事本身也很開心」

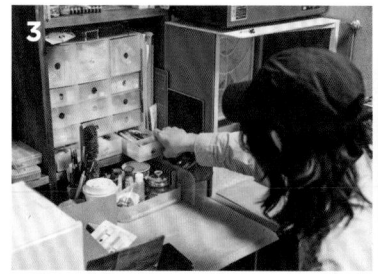

1.有時候也透過能夠活動關節的素描人偶來確認姿勢　2.請山下先生讓我參觀原型的製作　3.常用工具放在伸手拿得到的地方　4.在2021年冬季的展示會上販售的作品。肌膚、衣服的質感極為講究，造形可說精緻得令人嘆為觀止！　5.製作中的原創作品。「高高綁起來的頭髮呈現可以插入卷軸的構造。包含整體的平衡都仍在調整當中」（山下）

"找到有趣的方向後，就不禁想繼續做下去（山下）"

專業原型師工作室的探訪報告

剛剛搬遷至全新工作室的兩位為我介紹了工作室！
以下將介紹這個由巨大模型展示櫃包圍的空間，
一窺平時沒機會看到的珍貴工作景象及專用工具。

被人物模型團團包圍的開會空間

首先映入眼簾的是一整面的人物模型！擺放著兩位的作品以及收集而來的各種收藏品。我完全無法看出有多少個模型；就算有如此收納能力，看起來也無法全部展示出來呢！

1.工作室空間約為8.5坪。深處的倉庫有2坪。入口附近擺放了大桌子，除了開會外也是工作人員的作業空間。室內設有洗手台，這是考量到工作效率的設計

2.3.展示出來的模型只是其中一部分，嚴格篩選了兩人喜歡的作品

4.當然也展示著兩人的原創作品

1

1.噴漆箱上自製能夠放置物體的平台。風管也是自己架設的。
石崎小姐的桌子旁還能再擺放一張桌子
2.山下先生的乾燥箱裝飾著自己的興趣

3

4

3.兩個人塗裝幾乎都用噴筆
4.除了刮刀與筆刀外,還會用鉗子或鑽
頭等工具雕塑形狀

2

支撐業界頂尖人士的工作用具

桌子、自製噴漆箱、椅子、乾燥箱等一應俱全。就算
都放在工作室,看起來也很乾淨俐落。據說兩位都會
在此處一邊工作一邊戴著耳機聽音樂。順帶一提,我
在工作時是用喇叭播音樂的(笑)!

提升各自工作效率的整理規定

正因為工作空間的基本構造相
同,所以才會在一些細節上展露
彼此的個性。我想石崎小姐是追
求效率,而山下先生是講究極致
的人吧?石崎小姐將筆刀跟刮刀
插在貓抓板上的方法不僅方便好
拿,而且非常安全!我要不要也
試試看呢~?另外,我最在意塗
料的保管位置!雖然兩位似乎只用硝基
漆,但仍然有相當的
數量。顏色分類的方
式大致上跟我很像,
讓我覺得很高興!

1

2

1.石崎小姐插著工具的保管方
法是向之前公司的前輩學習的
2.山下先生的工具細心整理
在抽屜裡,看起來有條不紊
3.兩人預定要自製保管塗料
的新抽屜。依作品或角色使用
不同抽屜來保管塗料

3

MAman Special talk

後記

非常感謝您讀到這裡！

我想每個人看完後一定都會有各自的感想，例如這對我來說果然很難、這個內容太簡單、想要像這樣嘗試這項技巧等等。

一樣米養百樣人，大家都會有自己的感性。雖然身為作者的我這麼說可能很奇怪，但我不覺得書中內容能夠打動所有的人。

還請各位將本書當成一個契機，按照自己的方式實踐，為自己最喜歡的人物模型染上屬於你自己的顏色。

創作的可能性是無限大的。就算一開始只是依樣畫葫蘆，但總有一天會掌握到訣竅，逐漸塑造出自己的風格與特色！

若說為什麼，是因為執起本書的各位，一定至少都對模型有著某種程度的喜愛，或是喜歡進行模型的塗裝。「喜歡」的力量非常強大，也是通往進步最快的捷徑。

我以前不太擅長讀書，始終沒有積極努力在課業上。當時我唯一熱衷的是用畫筆繪製作品，自孩提時期開始至今仍然如此。對我而言，畫筆或許是不用言語交流也能互相交心的夥伴吧。

在這個數位全盛時代，說不定拿起筆的機會將會變得愈來愈少。不過也正因如此，我才希望更多的人可以體驗用一支筆就能表現出來的樂趣與可能性，感受直接塗上顏色的溫暖。

期許將來能持續朝向開心的事或熱衷的事大步邁進，精益求精。

還請大家今後對MAman多多指教！

協力廠商＆刊載人物模型

GOOD SMILE COMPANY

https://www.goodsmile.info/
🐦 @gsc_goodsmile

「POP UP PARADE 初音未來」P088
©Crypton Future Media, INC. www.piapro.net

「supercell feat. 初音未來　World is Mine
［棕色畫框］」P074
© supercell／CFM

「POP UP PARADE 兔田佩克拉」P038
© 2016 COVER Corp.
🐦 @usadapekora

「POP UP PARADE 白上吹雪」P052
© 2016 COVER Corp.
🐦 @shirakamifubuki

壽屋

https://www.kotobukiya.co.jp/
🐦 @kotobukiyas

「湊阿庫姬」P034
© 2016 COVER Corp.
🐦 @minatoaqua

「ARTFX J 拉姆」P005、 066
© 高橋留美子／小学館

「ARTFX J 冴羽獠」P004、 042
© 北条司／コアミックス・「2019 劇場版シティーハンター」製作委員
原型製作：伊藤嘉紀

劇場版城市獵人官方網站 WEB
https://cityhunter-movie.com/
🐦 @cityhuntermovie

「Verse01　水晶天使 ARIA」P028
© KOTOBUKIYA
原型製作：BRAIN（製作協力：壽屋）

幻奏美術館官方網站
https://museum-of-mystical-melodies.
kotobukiya.co.jp/

海洋堂

https://kaiyodo.co.jp/
🐦 @kaiyodo_PR

「北斗神拳　拳四郎　胸像」P002、 070
© 武論尊・原哲夫／コアミックス 1983
原型製作：香川雅彦

初出：『SCULPTORS05』（玄光社）

「北斗神拳　拉歐　胸像」P002、 094
© 武論尊・原哲夫／コアミックス 1983
原型製作：香川雅彦

初出：『SCULPTORS05』（玄光社）

「北斗神拳／胸像收藏　托席
寶麗石樹脂製塗裝完成品」P002、 098
© 武論尊・原哲夫／コアミックス 1983
原型製作：松浦健

北斗神拳官方網站
https://hokuto-no-ken.jp/
🐦 @hokutonokeninfo

Jamil

https://jamil.co.jp/
🐦 @Jamil_Publisher

「花之慶次　極 stutue vol.1 前田慶次　插圖色
173 個限量版」P048
© 隆慶一郎・原哲夫・麻生未央／コアミックス 1990

花之慶次官方網站
https://hananokeiji.jp/
🐦 @87k_official

Nuverse

https://www.nvsgames.com/jp

「模型少女 AWAKE　優紀・奇蹟少女 Ver.」
P072
© Nuverse KK　© FlowEntertainment

模型少女 AWAKE 官方網站
https://figurestory.nvsgames.com/
🐦 @ako_figurestory

STAFF

企劃協力
Masa

設計 & AD
荻原佐織（PASSAGE）

DTP
山本深雪、山本秀一（G-clef）

攝影
EDWARD.K
藤井大介

校對
ぴいた

採訪協力
大川真由美

編輯 & 採訪協力
礒永遼太（edimart）

編輯
伊藤甲介（KADOKAWA）

MAman

人物模型塗裝師兼YouTuber，其發揚模型魅力及樂趣的YouTube頻道「MAマンch。」目前已超過27萬人訂閱（2023年11月），深受模型玩家們的歡迎。在她的筆下透過獨特的塗裝技巧「3D二次元彩繪」，人物模型呈現栩栩如生、彷彿要動起來的逼真感，在國內外都獲得廣大迴響。現正活躍於模型製造商的商業彩繪、各種活動的現場塗裝展示等領域，同時也是國內最大模型展「Wonder Festival」的官方報導者。擁有美術教師執照及書道師範證照。

YouTube：「MAマンch。」「MAびより。」
Twitter：@M_A_paintman
Instagram：@m_a_man_

HUDE 1PON KARA HAJIMERU ANIME NURI FIGURE NO KYOKASHO
© MAman 2022
First published in Japan in 2022 by KADOKAWA CORPORATION, Tokyo.
Complex Chinese translation rights arranged with KADOKAWA CORPORATION, Tokyo through CREEK & RIVER Co., Ltd.

二次元彩繪
人物模型塗裝教科書

出　　　版／楓葉社文化事業有限公司
地　　　址／新北市板橋區信義路163巷3號10樓
郵 政 劃 撥／19907596　楓書坊文化出版社
網　　　址／www.maplebook.com.tw
電　　　話／02-2957-6096
傳　　　真／02-2957-6435
作　　　者／MAman
翻　　　譯／林農凱
責 任 編 輯／吳婕妤
內 文 排 版／楊亞容
港 澳 經 銷／泛華發行代理有限公司
定　　　價／420元
初 版 日 期／2024年1月

國家圖書館出版品預行編目資料

二次元彩繪 人物模型塗裝教科書／MAman
作；林農凱譯. -- 初版. -- 新北市：楓葉社文
化事業有限公司, 2024.01　面；公分
ISBN 978-986-370-638-0（平裝）

1. 玩具 2. 模型 3. 工藝美術

479.8　　　　　　　　　112020519